拼 布 创

My布玩

張慧玲 著

河南科学技术出版社
· 郑州 ·

目　录

Play Ⅰ Mascot Story
My布玩 生肖

Play Ⅱ Style Game
My布玩 造型

拼布创意

My布玩

张慧玲

Play Ⅲ Life Magic
My布玩 生活

Play Ⅳ Patchwork Secret
My布玩 拼接

Play Ⅴ Let's Play !
My布玩 做法

Play 1

Mascot Story

My布玩 生肖

Mouse

Cattle

Tiger

Dog

Pig

实物大纸型
A面

❖ Baby Tigers

1 小老虎奇遇记框饰

制作方法 > P.83

小老虎　一对宝

走到山上

寻找白色樱花草

听说白色樱花草的花语

是青春

找到的人就能长生不老

运用贴布缝做出小老虎的可爱外形，

看到白色樱花是得到幸福的预兆喔！

Play Point　贴布缝的运用×刺绣技巧×Yoyo球＝My布玩

Lucky HO

2 虎福临门小春联

实物大纸型
A面

虎=HO

福气到

好运来

祝你365天财运旺旺来

制作方法 > P.82

HO HO HO HO HO

五福临门虎气啦

Play Point 拼布娃娃×压线处理×奇异衬运用=My布玩

吉祥动物小春联

猪=D

脸圆圆 红通通

我没有娇DD的坏脾气

只是爱干净

实物大纸型 A面

粉红猪的耳朵是用红色点点布做的，

超级可爱！

❖ P i n k D

3 粉红猪小春联

Play Point 金葱线×Yoyo球×缎带装饰＝My布玩

Naughty GO
4 皮皮狗小春联

雪纳瑞的名字很讨喜，

纳福祥瑞招来吉利。

实物大纸型
A面

狗＝GO

GO GO GO

我是皮皮狗

我不咬猪

我咬骨头

Play Point 珠珠×拼接×手缝绣线＝My布玩

❖ Money Mouse

5 鼠来宝小春联

Money Mouse

鼠来宝的数来宝

Mouse in the House

Money in the House

鼠来宝捉着金元宝，

天生就是带财的黄金鼠！

Play Point 造型扣×自由压线×手缝绣线＝My布玩

哞=MO

我是叮当牛

电视上的人说

吃青菜

喝牛奶的时候

你们都会想到我

五幅春联大集合，

五福临门大好年！

实物大纸型 A面

制作方法 > P.82

❖ Ding Dong MO

6 叮当牛小春联

Play Point 铃铛×装饰缎带×Yoyo球＝My布玩

Moo Moo Cow Club
牛牛俱乐部三件组

Moo Moo Cow Club

草食主义

早睡早起

每天按时写拼布日记

偶尔也会耍点牛脾气

Play Point 运用相同布料做成系列作品＝My布玩

❖ Cover Girl

7 淘气牛牛化妆包

制作方法 > P.86

别看我一脸傻乎乎

脸又这么方

可我当过

《巧手易》的封面女郎

别忘了，我的背后还有一条

性感的小尾巴！

实物大纸型 A面

Play Point 蝴蝶结×手绣×不织布＝My布玩

制作方法 > P.86

围巾让牛牛变得更可爱，

小配件也能立大功。

❖ Scarf Key Bag

8 围巾牛牛钥匙包

实物大纸型 A面

⊙ Play Point 装饰钥匙 × 扣子 × 手绣 = My布玩

我的耳朵很大

所以最听话

打手机的时候

音量请放小

不然会吵到我们牛牛喔

❖ Big Ear

9 大耳牛手机套

实物大纸型

A面

弹簧口夹设计可以避免手机掉出，

是很便利的收纳装置。

制作方法 > P.87

Play Point 弹簧口夹 × 手绣 × 迷你提手 = My布玩

他们说我的
粉红色耳朵
好烧包

装可爱这件事儿
就是要全身上下
才敬业啊

制作方法 > P.89

牛牛造型的拉链头，

让人印象深刻超加分！

原尺寸图形
P.88

Pink Ear

10 粉红牛随身小包

天生一对的牛牛绝配

Play Point 造型拉链头 × 手绣 × 特殊提手 = My布玩

老师老师

我有问题

为什么有些牛牛不穿衣服呢

牛老师说

因为，天然的尚好

你的小花帽、我的小书包，

我们是相亲相爱的一对宝。

❖ Love Couple
牛牛恋人

⊙ Play Point　收集零碎布块可以制作娃娃的衣服 = My布玩

11 上学牛仔

制作方法 > P.84

实物大纸型
B面

12 花裙牛妹

制作方法 > P.85

Play II

Style Game

My布玩 造型

Strawbarry

Pineapple

Black Doll

Afro Kid

Skirt Girl

❖ Fruit Match

水果朋友二人组

水果的友情

没有黑或白

好朋友

就是这样

别太计较颜色不同

一起分享开心就好

Play Point 翻转椭圆形变换成两种水果的头部造型 = My布玩

我的比基尼是用

小花造型的蕾丝片做成的喔！

实物大纸型
A面

❖ Pineapple Pouch

13 菠萝娃娃万用包

是谁说

一白遮三丑

黑黑的女生

也可以变成

水果界的Super Model

实物大纸型
A面

不要以为
草莓
是温室里的水果
就觉得我们好欺负

我们一生气
可是会让你过敏的

看我头上的草莓蒂，

就知道我很有个性。

❖ Strawberry Pouch
14 草莓小妞万用包

作品指导示范教学 / 张慧玲老师
特别感谢协力制作 / 吴春桂小姐、黄麒芳小姐

素材准备：

肤色布12cm × 20cm 1片
红色布17cm × 30cm 1片
叶子用布12cm × 24cm 1片
里布17cm × 30cm 1片
铺棉约17cm × 30cm 2片
拉链12cm 1条
皮绳22cm 1条
蕾丝、绣线少许
迷你钩子1个
铃铛6mm 2个
水兵带约20cm
填充棉适量
流苏洋装

分解My布玩 I

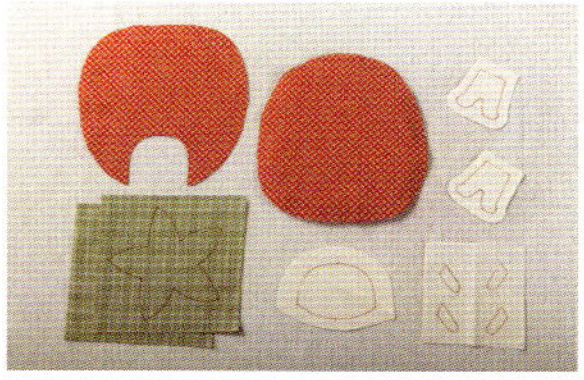

01 如图依纸型裁下所需用布。

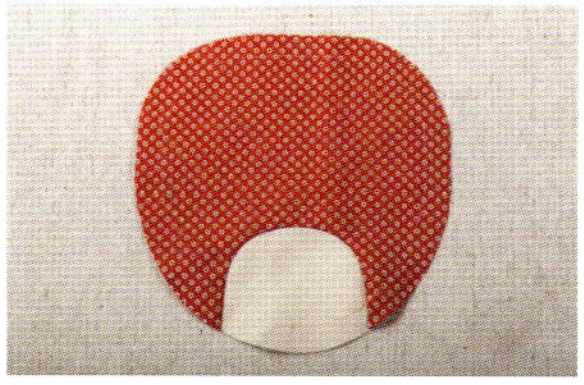

02 将草莓帽子贴布缝在脸上。

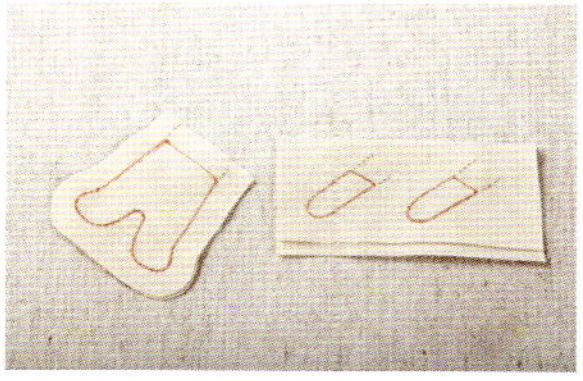

03 手如图各两片相叠后，车缝轮廓线留返口，翻回正面备用。

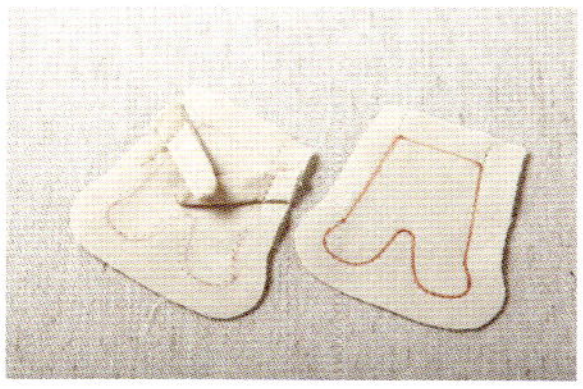

04 将手疏缝于身体表布上，再将另一片身体的布放上(布的正面相对)夹车于身体部分。

05 缝合完成身体部分，翻回正面如图。

06 塞入填充棉。

07 把叶子用布反面相对两片重叠后，用缝纫机做花边压线绣出轮廓。

Play Skill

花边可依个人喜好选择喜爱的图案作变化！

08 完成轮廓装饰后剪下叶子。

09 在叶子中心缩缝一个圆形，拉紧作为草莓蒂。

10 里布两片正面相对缝合，需预留一侧作为返口，完成里袋部分。

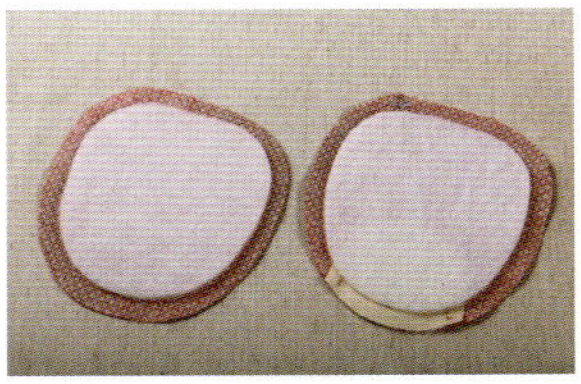

11 前片与后片分别铺棉完成。

12 用水消笔在娃娃脸部画上表情后，用轮廓绣绣好。

13 涂上腮红，将吊耳固定上去。

Play Skill

腮红可用颜料拍上，或拿化妆用的腮红也可以喔！

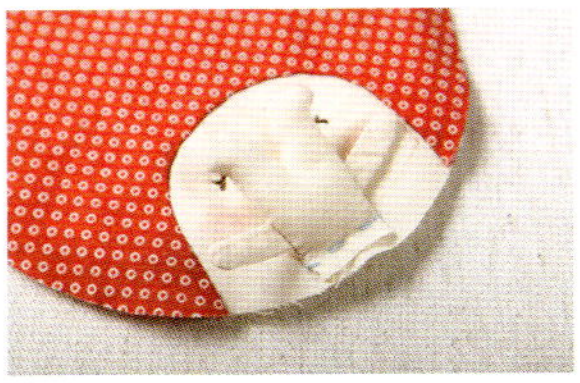

14 将身体疏缝上去。

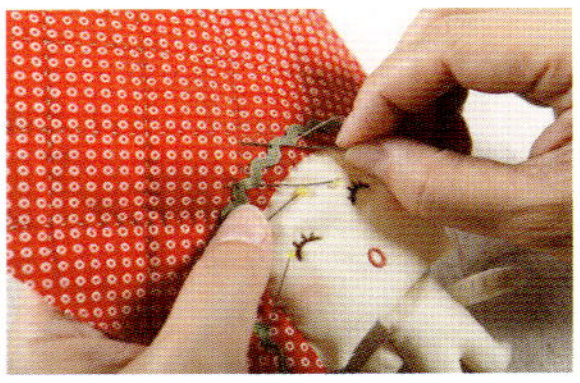

15 在头部与脸部交界处缝上水兵带做装饰。

16 前、后片分别作菱形格压线处理。

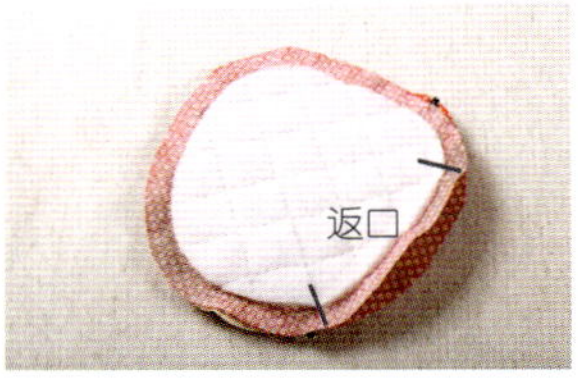

17 前片与后片正面相对用珠针别好后车缝，需按记号留出一返口。

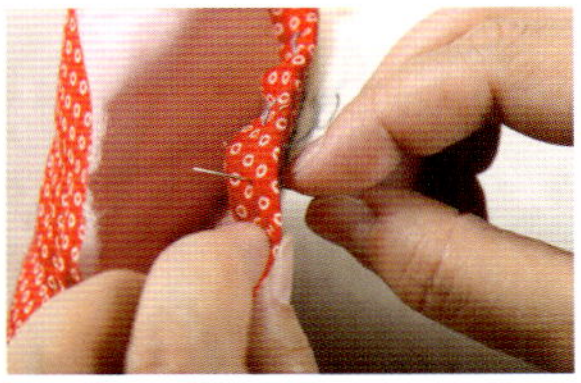

18 翻回正面后，将返口的缝份折入以疏缝方式修边。

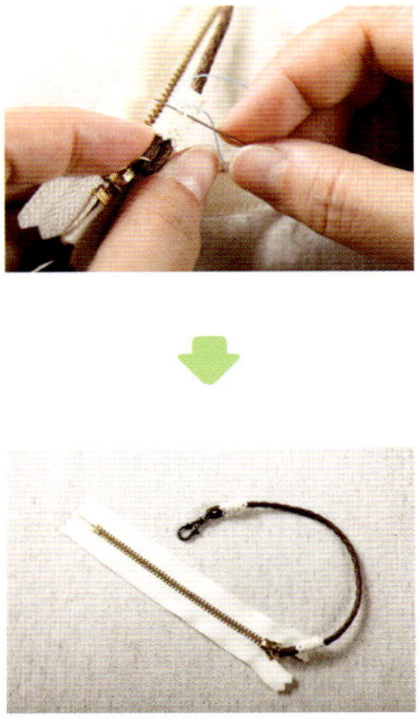

19 将仿皮绳穿入拉链头，加上蕾丝装饰，前端穿入问号钩。

20 缝合拉链。

21 将做好的内袋与表袋反面相对以藏针缝方式完成。

22 缝上草莓蒂。

23 把流苏洋装缝在身体上做装饰。

24 无敌可爱的草莓小妞万用包完成啰！

Smile Blogger

笑嘻嘻部落

我们是来自

“笑嘻嘻”国

拼布部落的

两个快乐分子

天天都要笑嘻嘻

是我们的座右铭

Play Point 将同款作品的提手做些小变化×展现出不同的感觉＝My布玩

制作方法 > P.92

小黑人的头巾

是一种为流行代言的装饰主义。

Smile Hip Pop Pouch

15 笑嘻嘻小黑人口夹包

实物大纸型 B面

黑底花布做成的头巾

别有一番风味。

❖ Smile Hip Pop Case

16 笑嘻嘻小黑人手机袋

Happy Sisters
17 宝琳蒂姐妹花

实物大纸型 C面

微笑是我保持动力的最大原因。

宝琳蒂姐妹花
最会做手工的娃娃
喜欢的衣服自己设计
做喜欢的事情最开心

制作方法 > P.93

Play Point 我特别喜欢做黑人娃娃 × 他们笑起来总是很开心 = My布玩

我叫小咪

今年六岁

他们都说

我的脸看起来很不开心

可是我明明就在大笑啊

喵——

你们不懂我的幽默

实物大纸型

B面

喵——小咪想吃鱼！

❖ Cat's Talk

18 开心猫咪

Play Point 手缝刺绣×皮绳×扣子＝My布玩

我的圆点点帽子可爱吗？

是纯手工设计的喔！

Love Kitty Girl
19 爱猫小女孩

实物大纸型
B面

小咪爱吃鲔鱼

小咪爱唱儿歌

小咪爱说笑话

我不是小咪

小咪是我最好的朋友

Play Point 缎带装饰×布制配件×手工娃娃＝My布玩

作品指导示范教学／张慧玲老师
特别感谢协力制作／吴春桂小姐、黄麒芳小姐

素材准备：

娃娃部分：
肤色布27cm×50cm
袜子17cm×22cm
鞋子18cm×24cm
衣服14cm×25cm
裙子30cm×26cm
裤子30cm×26cm
填充棉、毛线适量

黑猫部分：
黑色布17cm×26cm
黑皮绳(尾巴)10cm
黑白扣直径6mm各2个

分解My布玩Ⅱ

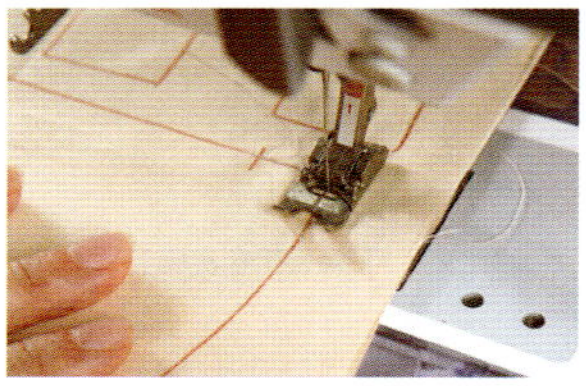

01 将娃娃身体各部位的纸型画在折双肤色布上，先车缝轮廓线后再剪下。

Play Skill

制作娃娃时，先把轮廓线车缝处理好后再剪下直接翻回正面使用，可以减少另外多画纸型的制作时间，是制作布娃娃的小技巧喔！

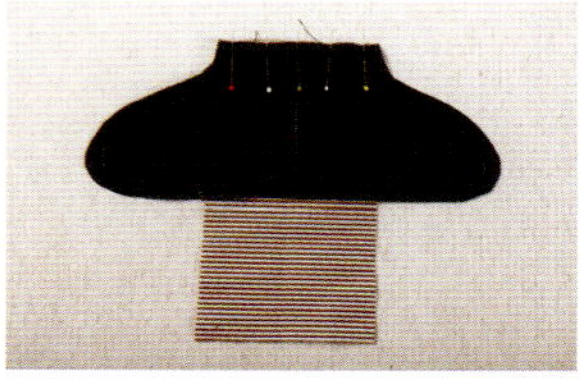

02 袜子与脚正面相对用珠针别好后，车缝完成。

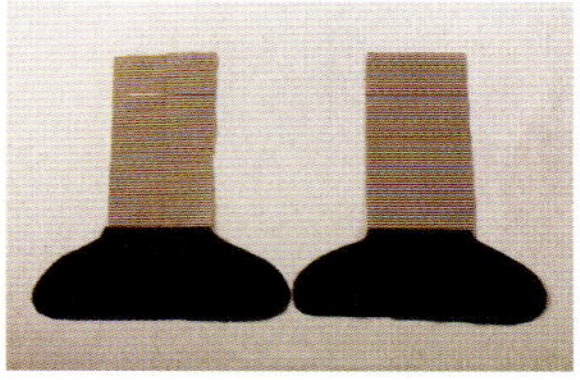

03 另一片做法相同，完成两组。

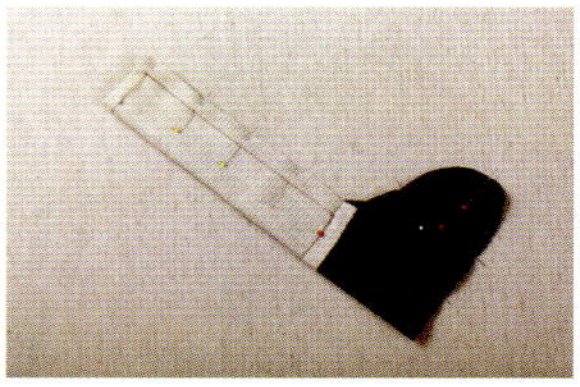

04 将脚正面相对折好用珠针别起。

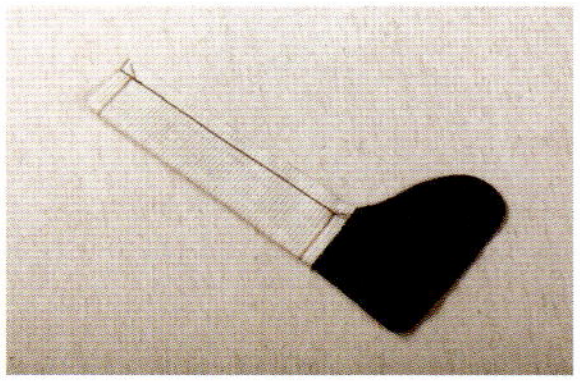

05 车缝完成，上方留一返口，翻回正面备用，另一只用相同做法完成。

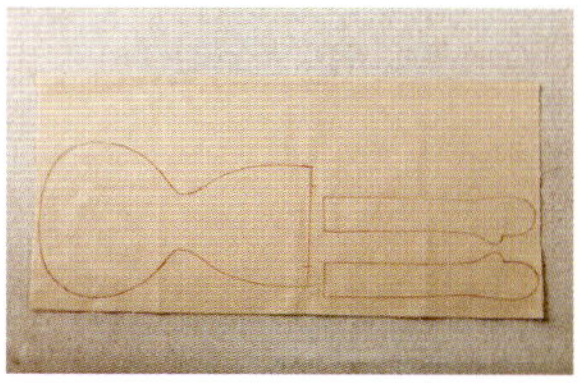

06 身体与手依纸型画好后，与步骤01做法相同，车缝轮廓线后剪下。

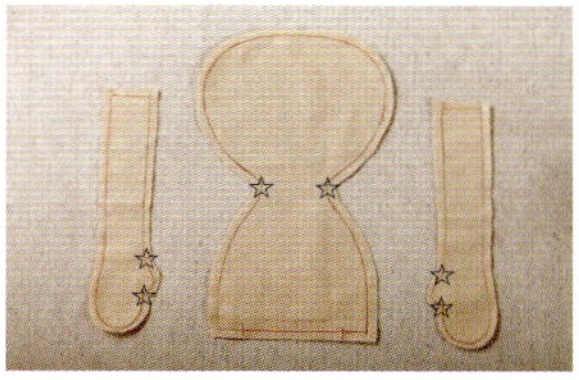

07 在弧度☆处剪牙口。头颈处、手的虎口处、手腕都要剪。

08 使用疏缝方式抽皱裙片，完成两片。

09 将步骤08与上衣平放对齐，两片需等宽。

10 将步骤09裙片与上衣正面相对用珠针别好，另一片做法相同。

11 将步骤10对折后，车缝腋下部分。

12 裙摆部分往内折1cm，车缝水兵级带做装饰。

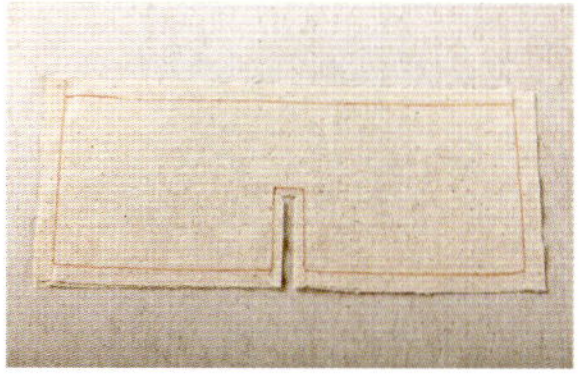

13 裤子于布的反面画好纸型后，车缝轮廓线剪下，注意裤管与腰际部分不要车。

14 在裤裆中间剪一个Y字形。

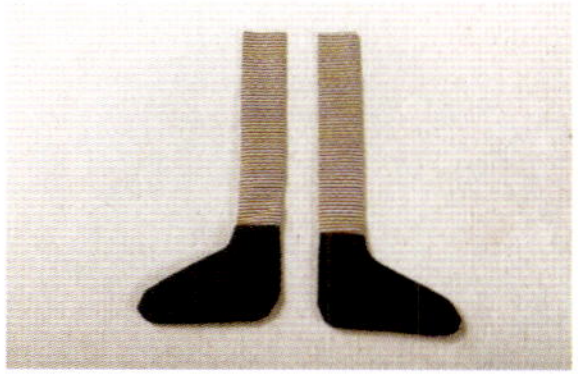

15 头、手、脚依前述做法完成后翻回正面备用。

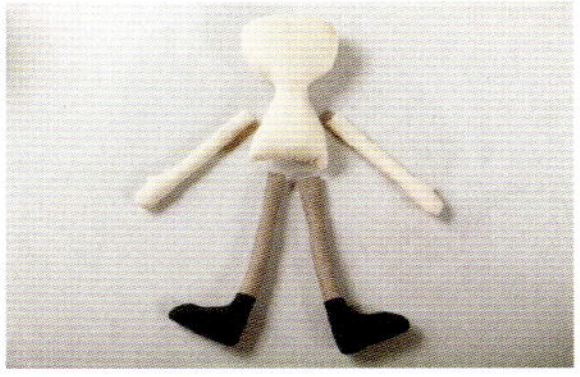

16 将身体各部位塞入填充棉。塞棉比例：头与身体塞饱满，手与脚塞2/3。

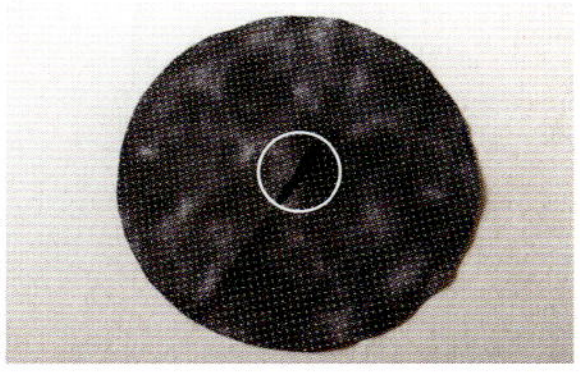

17 帽子直径25cm裁好点点布两片，两片布正面相对，沿轮廓线车缝一圈后剪下，将其中一片中心剪洞作为返口。

18 翻回正面后沿边缘压一道固定线。

19 帽子外围距离3cm处抽皱一圈，即完成帽子部分。

20 脚的部分要先塞入填充棉并缝上棉线，留出可让娃娃坐下的接合处。

21 用手缝方法将四肢与身体组合完成。

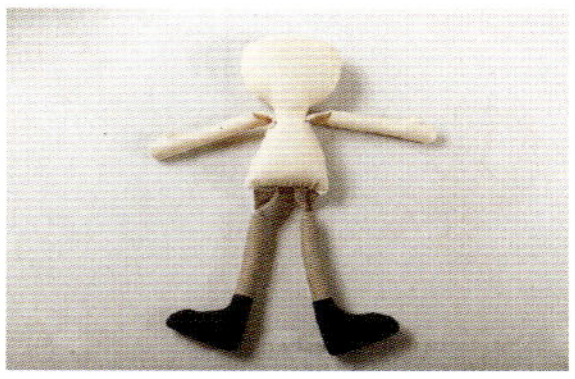

22 组合完成如图。

23 上衣领口剪下适当长度，以便塞入头部及身体。

24 因为头的体积比较大，所以先穿入脚，再塞入手。

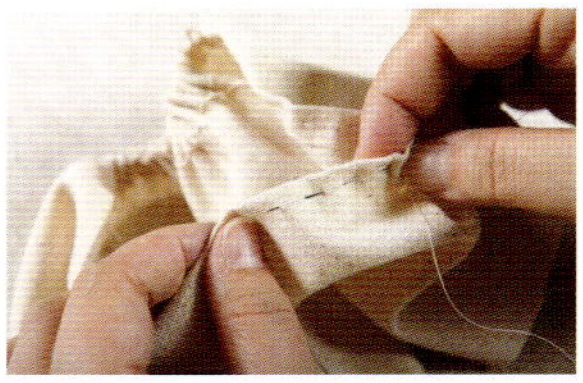

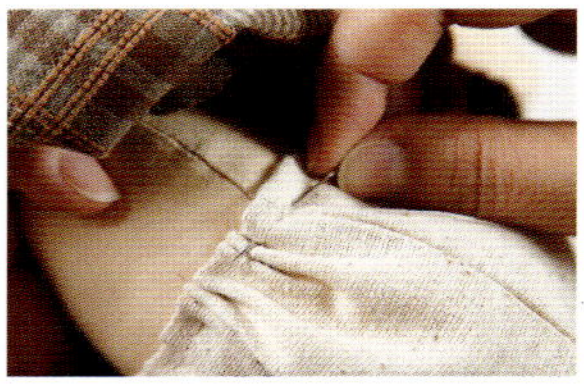

25 裤腰的部分要抽皱，娃娃穿上后手缝固定上去。

26 裤脚的部分往内折1cm缩缝。

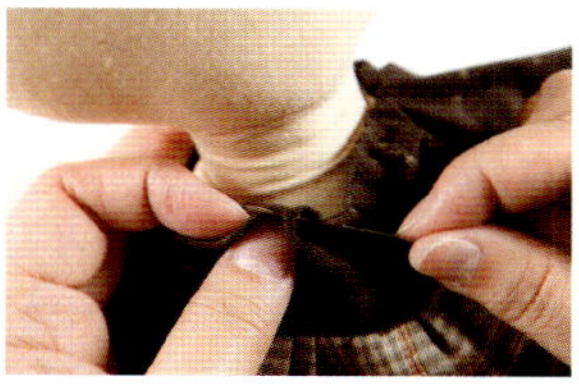

27 领口也用缩缝的方法完成。

28 用水消笔画上脸部表情，缝上眼睛（纽扣），用绣线绣表情，涂好腮红后绑上缎带做装饰。

29 剪适量毛线，依个人喜好装饰娃娃的头发。

30 将帽子缝在头上，娃娃变得更加可爱了！

小黑猫

01 依纸型画好两片，正面相对后车缝轮廓线剪下，留一个返口，身体与尾巴(仿皮绳)一起夹车。

02 翻回正面如图。

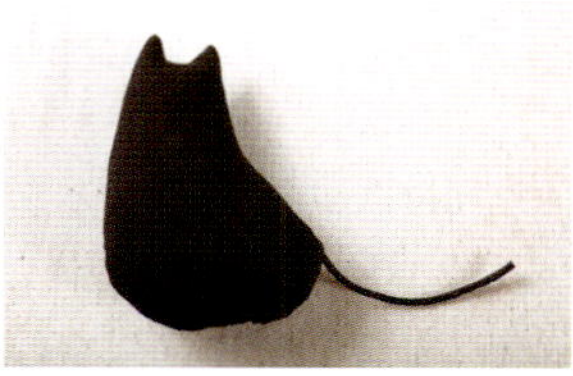

03 塞入填充棉后缝合返口。

04 用水消笔画上五官，鼻子、手用3股绣线回针绣，胡须用2股绣线回针绣绣上，眼睛用黑白纽扣当眼睛，剪一段缎带当成围巾做装饰即完成。

Lazy Cat

20 酷懒之猫零钱包

躺在大树下

来一场

轻日光浴

皮肤黑的好处就是

我不用花钱做防晒

实物大纸型 B面

制作方法 > P.90

小鱼造型的拉链头，

让嘴馋的小咪总是流口水。

⊙ Play Point 设计动物造型的创意 × 制作系列印象作品 = My布玩

别看我

头发很爆炸

个性却很温柔

想看电视的时候

找我陪你就对了

A f r o K i d

21 爆炸头小子遥控器座

实物大纸型

C面

制作方法 > P.91

我的爆炸头，

未来会是一种流行喔！

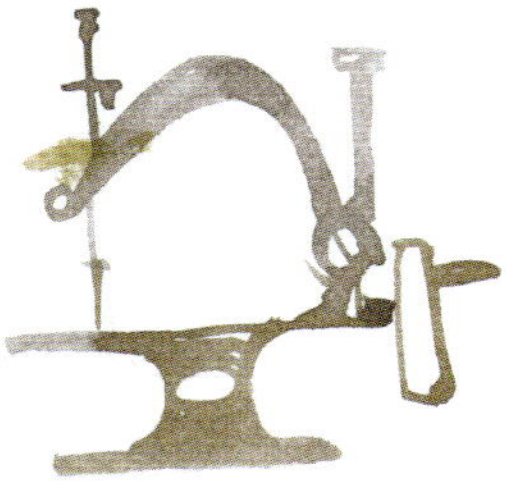

Play Point 爱看电视也要为电视做些小东西 = My布玩

Play Ⅲ

Life Magic

My布玩 生活

Lace

Store up

Stitch & Cotton

Embroidery

Button

❖ Romance Lace

22 花蕾漫舞手提包

从天而降的幸福

在花蕾漫舞的瞬间

用心绽放

永恒的美丽誓约

实物大纸型 C面

制作方法 > P.94

狗狗躲在提包后面，

出门逛街可别忘了带着它！

取花的图案裁成布块，

作品气质感瞬间加分。

Play Point 波浪蕾丝缀边×袋面立体压线＝My布玩

Mambo Doggy

23 狗狗漫步零钱小包

午后牵着狗狗

悠闲漫步在

落叶拼接而成的坡道

呼吸春天的神清气爽

实物大纸型 C面

制作方法 > P.95

布块配色的不同，

让拼接而成的坡道格外有特色。

系着蝴蝶结的狗狗也好可爱！

Play Point 造型图案贴布缝 × 装饰羽毛绣 = My布玩

❖ Duck Loves Apple

24 苹果小鸭置物篮

制作方法 > P.96

原尺寸图形 P.98

Play Point 圆形置物设计×短皮革提手运用＝My布玩

可爱的小鸭子，

在置物篮旁挤眉弄眼做表情。

小鸭说

我不是天鹅

但还是可以游上枝头

摘置物篮里的苹果喔

短皮革提手设计为置物篮，

增添造型及实用性。

❖ When Apple to Bee a Cat

25 苹果蜜蜂猫笔袋

原尺寸图形 P.99

制作方法 > P.97

笔袋背面的拼接设计。

同系列的动物贴布缝作品，

营造居家摆饰时的整体感。

苹果羡慕工作满档的蜜蜂

小蜜蜂羡慕相机里的猫咪

猫咪羡慕树上香甜的苹果

我们总是羡慕别人的生活

却忘了

自己也是别人羡慕的对象

Play Point　格纹重点滚边×英文字母刺绣＝My布玩

My Sewing life

我的缝纫生活

❖

26 简易束口袋

实物大纸型 C面

制作方法 > P.101

Play Point 风车图形×简便束口设计 = My布玩

27 风车小针插

针插、线轴、剪刀、卷尺……

这些

无法一一细数

贴心的好朋友

填满我的缝纫生活

原尺寸图形

P.100

四种配色布代表

风车转动时的不同个性。

贴心的束口设计

让我的缝纫生活超便利！

制作方法 > P.101

❖ Purse Frame

28 A字优雅口金包

仿十字绣图形的
A字口金包
吞吐着女性
那洋溢着复古年代的
优雅气息

实物大纸型 D面

利用仿十字绣的图案布，

立即跳出作品呈现的重点。

制作方法 > P.102

Play Point 平口金×布块拼接×仿十字绣图案布＝My布玩

❖ Flower Color

29 花色优雅口金包

拆卸方便的钩环设计，

手拿、手提两相宜。

另一款花色的设计

选用皮制提手

做出截然不同的风格

❖ Rose Diary

30 玫瑰花札手提口金包A

玫瑰

总是在她的札记里写着

温柔与坚强的矛盾情结

这一针一线的来回交织

都是绕指柔的缝纫心事

实物大纸型 D面

Play Point 双层口金×花布运用×蕾丝素材混搭＝My布玩

Rose Diary

31 玫瑰花朵手提口金包B

制作方法 > P.103

浅色系的玫瑰花布，

将春天般的好气色表露无遗。

Petal's Party

花朵派对三件组

花朵的派对

是没有季节限制的

想什么时候开

就什么时候开

只是别忘了

要按时给它们浇水喔

Play Point 奇异衬×自由曲线×装饰扣＝My布玩

原尺寸图形 P.106

一朵小花的重量
或许只有几克而已
一个微笑的力量
却是千斤顶的支持

小女孩造型的拉链头，
丰富了作品设计的趣味性。

制作方法 > P.107

Smile's Weight

37 微笑小花零钱包

第一手的流行资讯
时尚的经典款式
搜寻"三朵花.com"
花边教主教你全部掌握

❖ Triple Fan.com

33 花边教主缩口袋

可放入随身小物的缩口袋，

是女生包包里必备的贴心手作。

原尺寸图形
P.106

制作方法 > P.107

麻绳材质的特殊提手，

制造作品的独特质感，

花形装饰扣也是重点。

❖ Ballet Bag

34 花样芭蕾手提包

制作方法 > P.105

原尺寸图形 P.104

气质婉约的芭蕾舞者

在袋物上翩然舞动

那首我们都熟悉的旋律

用一个回圈表演

要你记住她的美

Play Ⅳ

Patchwork Secret

My布玩 拼接

Square

Piece

Quilts

Jack in the box

Pattern

❖ Fashion Street

35 街景时尚方块提袋

收集平常制作作品剩余的布块，

用来做拼接的配色素材也很棒。

从窗外望去的是

一格一格的街景时尚

还有女孩利落的马尾

随性甩弄的魅力自信

Play Point 方形拼接×小布块运用×圆圈压线＝My布玩

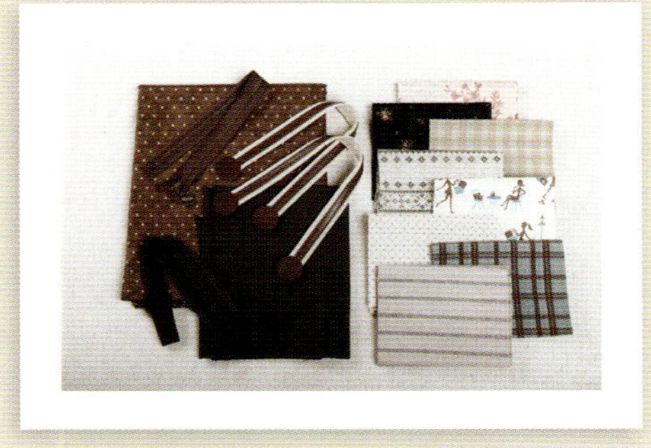

作品指导示范教学／张慧玲老师
特别感谢协力制作／吴春桂小姐、黄麒芳小姐

素材准备：

表布(配色布)8cm×8cm 36片
底布、侧边布20cm×70cm
里布45cm×90cm
滚边布4cm×100cm
拉链口布9cm×32cm
口袋用布26cm×20cm
布衬
铺棉
拉链1条
提手1副
布用喷胶

分解My布玩Ⅲ

01 裁18片6cm×6cm方形布片，依个人喜爱进行配色(缝份外加)。

Play Skill

配色的技巧在于选择的花色相同区块不要重复，亮色与深色交叉配置。此次示范是选择九种花色的布，以一色四片的方式搭配。

02 正方形两片正面相对，用珠针固定车缝。

03 选定第三片配色布，排列上去可确认搭配的花色是否适合。

04 将选好的第三片花色与步骤02布片的正面相对车合。

05 依相同方法完成另一组（三片为一组），与第一组接合在一起。

Play Skill

两组缝份要错开，以一上一下的方式为原则，交界点才会漂亮，这是关键喔！

06 共需完成六组。依序接合完成表布，以相同方法完成后片。

07 在表布上用水消笔画圆形压线记号。

08 底布36cm×10cm（缝份外加），用珠针别好固定后，与表布正面相对车合。

09 完成如图(后片相同做法)。

10 将后片与步骤09接合后，布的反面使用布用喷胶粘上铺棉。

11 裁侧边布两片18cm×10cm，画上2cm菱形格纹压线记号。

12 使用布用喷胶，将侧边布粘于铺棉（铺棉需略大）上。

13 在铺棉背面也喷上布用喷胶后，粘在坯布上。

14 使用缝纫机做落针压线（此时需换均匀送布齿）。

15 剪开成为两片。

16 四周0.5cm处疏缝固定。

⊙ Play Skill

因为布用喷胶粘得不是非常紧，边会比较容易松掉，所以要稍作疏缝固定。

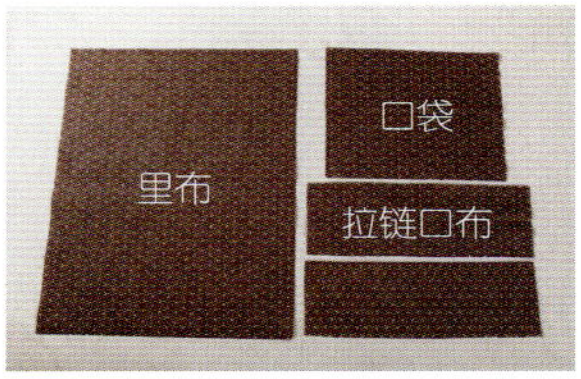

17 裁好里布45cm×90cm 一片、拉链口布9cm×32cm 两片、口袋布26cm×20cm 一片。

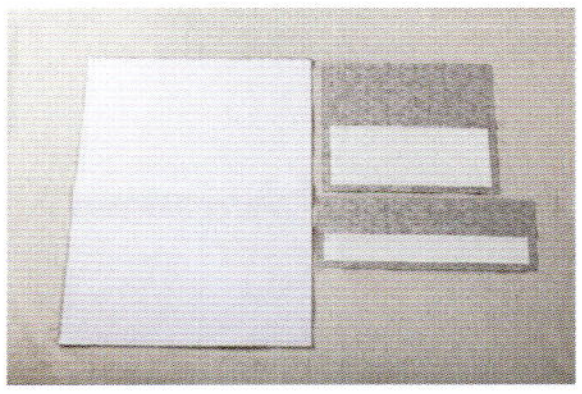

18 烫上布衬（口袋与拉链挡布只需烫一半衬即可）。

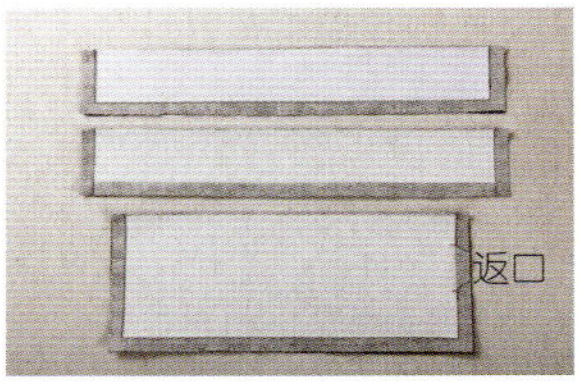

19 拉链口布正面相对对折车缝两侧，口袋布沿着布衬车一圈需留返口。

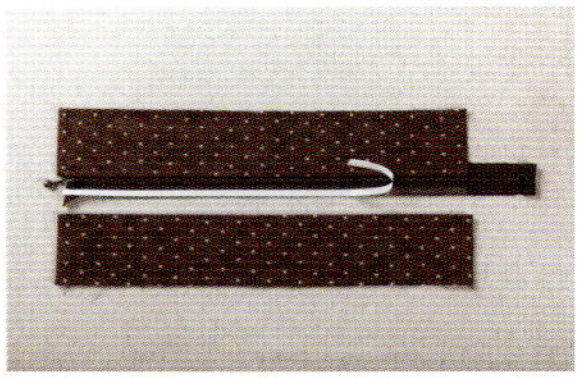

20 将拉链口布翻回正面，先用水溶性布用双面胶将拉链稍微固定，会比较好处理。

21 车缝拉链。

22 将口袋翻回正面后，在袋口处压缝一道固定线。

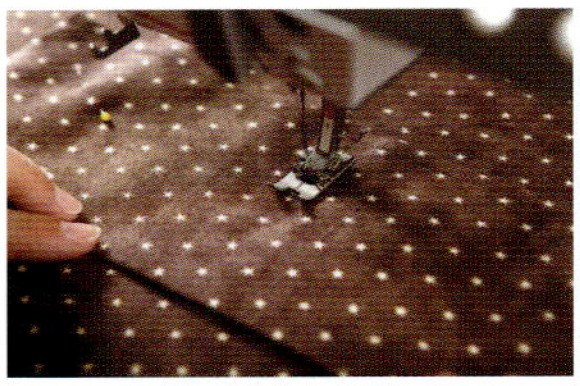

23 将口袋置于距离内袋5cm处，以珠针固定后，在9cm处车缝一道作为隔层。

24 将右口袋往内折1cm后车缝下方，做出立体效果。

⊙ Play Skill

做出有立体效果的口袋，就可以置放手机等体积较大的随身物品喔！

25 将侧边布正面相对以珠针固定于底侧位置，与袋身组合。

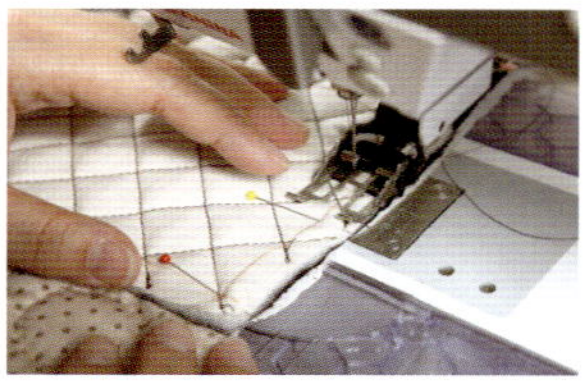

26 车缝固定。另一边做法相同。

27 在底与表袋侧边的接缝处两边各剪一刀牙口。

28 表袋完成。

29 里袋部分依相同做法，将侧边布两片以珠针固定车缝，完成里袋。

30 将拉链部分找出中心点后，以疏缝方式固定。

31 把里袋套入表袋内（布的反面相对），用夹子夹好，车缝一圈。

32 裁斜纹滚边布4cm×100cm，将布条包入袋缘，滚边一圈。

33 滚边完成如图。

34 缝上提手，作品完成！

❖ College Style

36 铁塔学院风格提袋

学院风格的英式浪漫

依存着一种简单低调

点点、格子、直线等百搭元素

铺写在格纹袋底上展现个性

实物大紙型 D面

制作方法 P.108

Play Point 十字绣造型×菱形格压线＝My布玩

铁塔造型的十字绣图案，

白色绣线映衬深色背景

制造鲜明印象。

背面利用菱形格压线设计

加深袋物的立体轮廓。

❖ Sweet Memory

37 童年往事小壁饰

造型压线图形 D面

制作方法 > P.109

收集的复古系列图案布，

仿图做成简单的小壁饰，

置放于家中即有

如画一般的美化效果。

在小河边玩耍的夏天

相约放学后的围墙边

比赛捉蚱蜢的青草地

我们拥有的童年往事

和幸福一起悄悄长大

Play Point 图案布运用×图形压线＝My布玩

惊奇的盒子里

装着什么

包装的颜色不同

我的拼布创意也不同

尺寸图

P.112

利用配色技巧，

让惊奇的盒子各自呈现

其独有的视觉百变感。

❖ Jack in the Box

38 惊奇盒子壁饰

Play Point 传统图形×配色游戏＝My布玩

惊奇盒子图形制作大公开

作品指导示范教学 / 张慧玲老师
特别感谢协力制作 / 吴春桂小姐、黄麒芳小姐

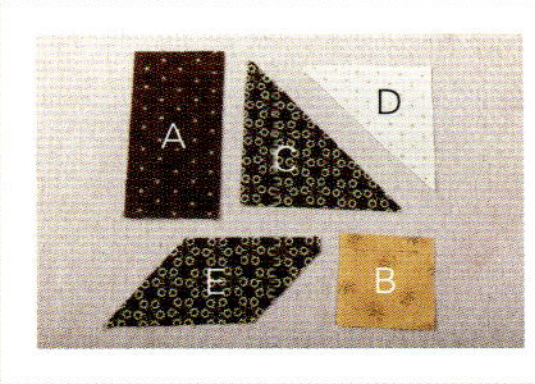

素材准备：

A.长方形布块×4
B.正方形布块×1
C.大三角形布块×4
D.小三角形布块×16
E.平行四边形布块×4

分解My布玩Ⅳ

01 将C与D用珠针按正面相对别好车缝后再翻开。

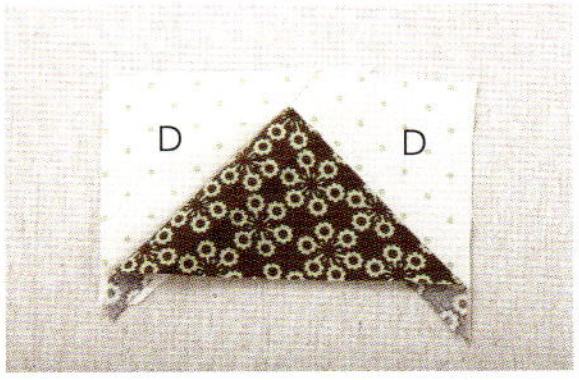

02 再放上另一片D车缝后如图。

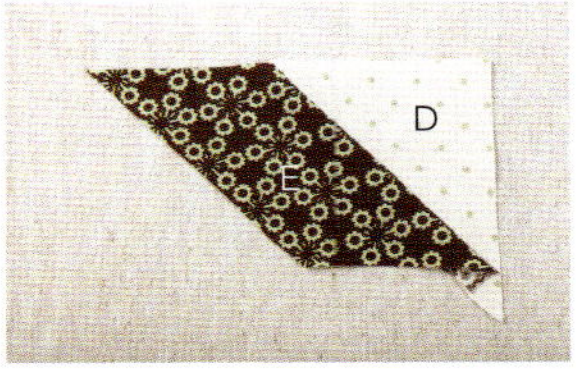

03 将D与E组合后再放上另一片D车缝。

04 与步骤02组合后和A接合，共完成四组。

05 如图两组接合。

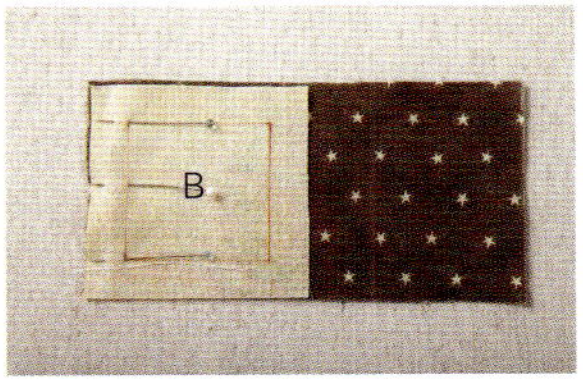

06 A与B正面相对以珠针别好车缝。

07 与步骤05依序组合车缝即完成。

Waltz Lover

39 黑色华尔兹典雅提袋

实物大纸型 D面

制作方法 > P.110

来一个漂亮的节奏回旋

谈一场用音符写的恋爱

我的黑色华尔兹恋人说

Re Fa So Mi Do

9 4 5 3 1

“就是我想你”的意思

[此处“9”可视为高八度的“2”(Re)]

利用细皮带穿过侧袋耳，

做出如同袋物的腰身，映衬作品独有的典雅细致。

Play Point 装饰皮带×图形拼接＝My布玩

Play with My quilt 玩拼布

Play with My creativity 玩创意

Play with My life 玩生活

&

Play with My happy!! 把快乐当成游戏

所谓玩乐

就是有玩才有乐

插画者：胡乃文先生

Play Ⅴ

Let's Play!

My布玩 做法

☆ 张慧玲老师的独家制作小撇步 ☆

◎拼接布片缝份勿留0.7cm，除非是印花布，先染布至少留1cm，避免经过拼接、玉线时布边的纱被抽掉，导致表布的尺寸有偏差。

◎袋物在制作时要保持平整，未完成品请不要折叠收纳，要尽量让袋物保持原形或平置，这样袋物做起来才会工整漂亮。

◎常用的水消笔在清除笔迹时，喷水后要让它自然干，不可烘干或烫干，因为水消笔是不可热烫的，否则水消笔的痕迹会更消不掉喔！

My布怎么玩？
制作方法……

P.8 虎福临门小春联

完成尺寸：25cm×44cm

Before Play素材准备

- A表布、背布各20cm×20cm
- B表布12.5cm×12.5cm
- 吊耳4cm×15cm
- 字体布11cm×11cm
- 奇异衬11cm×11cm
- 黄色素布15cm×15cm
- 咖啡色素布10cm×10cm
- 水兵带约80cm
- 滚边4cm×90cm
- 绣线少许
- 流苏1条
- 直径8mm金色铃铛1个
- 细缎带约15cm
- 咖啡色不织布2cm×2cm
- 填充棉

★小春联

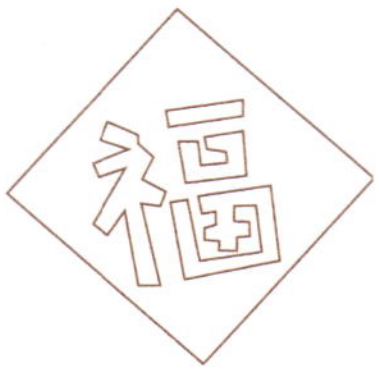

1.将福字画在奇异衬上，再烫在黑点布的反面按字形剪下，再烫在红色布的表面。

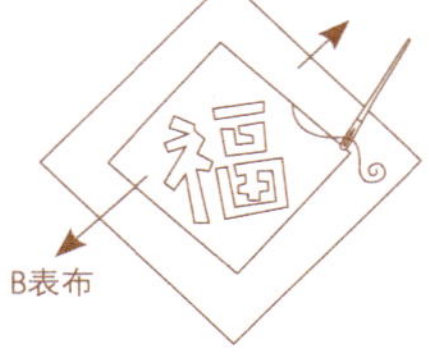

2.烫好字体再贴缝在表布上。

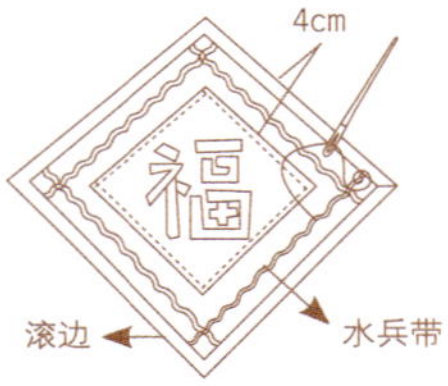

3.表布完成+铺棉+坯布一并压线，再加上滚边及水兵带，即完成小春联。

★小老虎

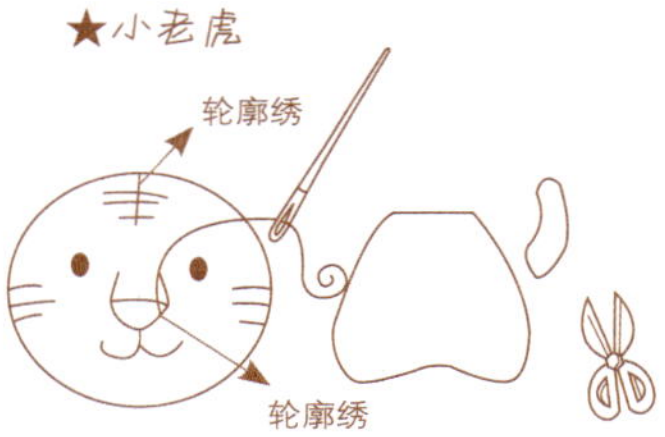

1.依纸型剪下脸、耳朵、尾巴、身体等部位，绣上鼻子、胡须，缝上黑色扣子当眼睛。

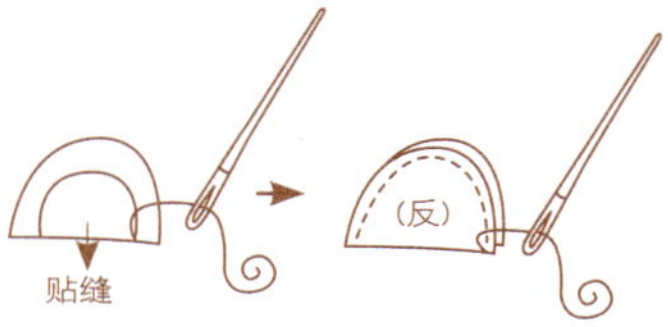

2.内耳布先贴缝在耳朵上，再与另一片耳朵中表。

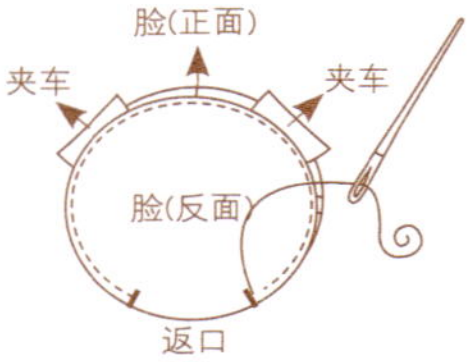

3.翻至正面，再与脸部两片、铺棉一并夹车翻出。

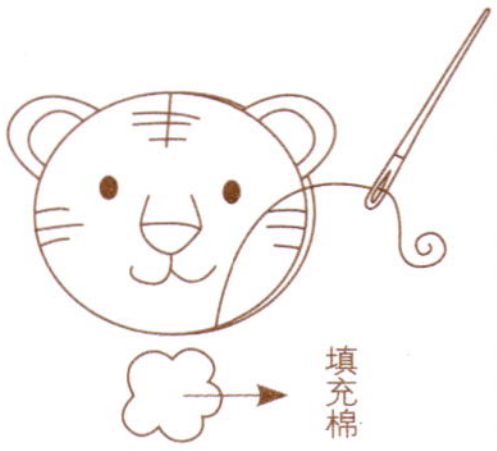

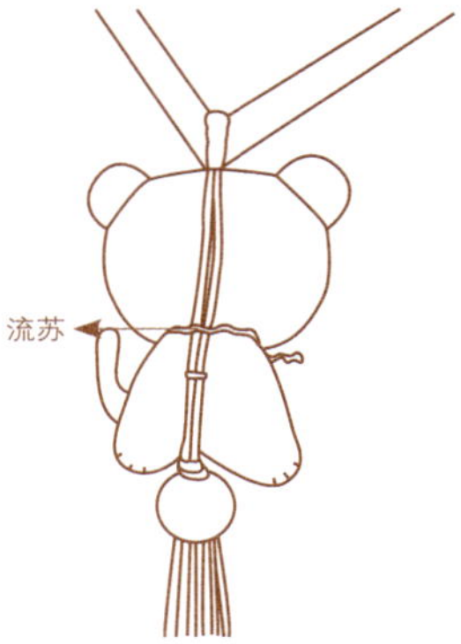

4.身体两片中表缝合夹入尾巴塞棉，脸塞入填充棉后组合在一起，在脖子处绑上缎带及铃铛装饰。

5.利用流苏的线缝上老虎及春联即完成。
※粉红猪下方的Yoyo(含缝份)直径7cm

P.13 可当牛小春联

★牛牛

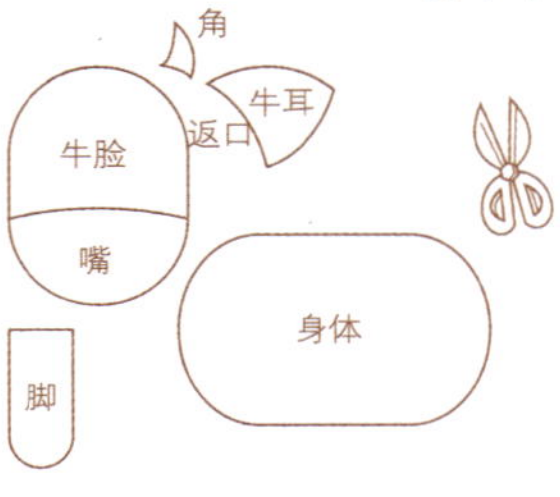

1.依纸型剪下牛牛的身体各部位。

2.脚分别两片正面相对车缝翻至正面，疏缝固定在牛身上，尾巴也需先固定，再与背布、铺棉三层中表。耳朵也先中表，与牛角先疏缝固定在脸上，再与后头布、铺棉中表。

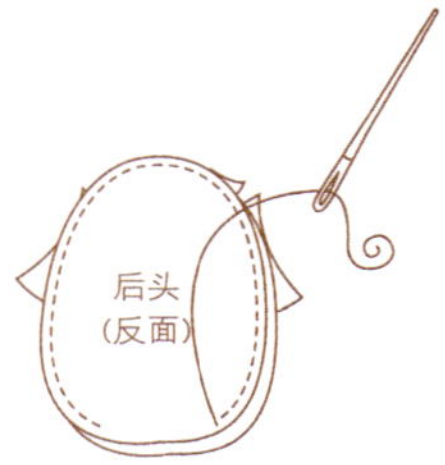

3.塞入填充棉，头以贴缝的方式缝合在牛颈部即可。
注:中表（两片布的正面相对）。

P.6 小老虎奇遇记框饰

完成尺寸：外框31cm×16cm

Before Play素材准备

- 表布A、D各9cm×11cm
- 表布B、C各9cm×23cm
- 黄色素色布约15cm×20cm
- 咖啡色布约8cm×8cm
- Yoyo花色布4款约8cm×8cm各1片
- 绣线适量
- 框1个(内框尺寸12cm×26cm)

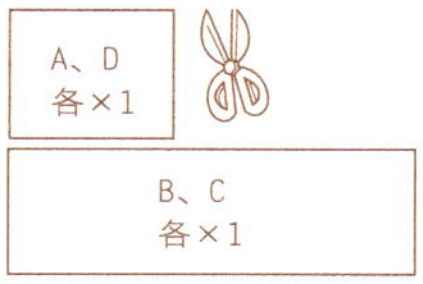

1.依材料标示尺寸剪下表布。

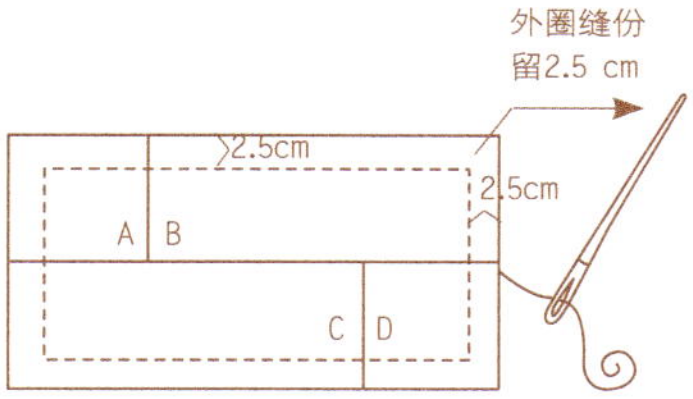

2.表布先拼接完成再贴布。

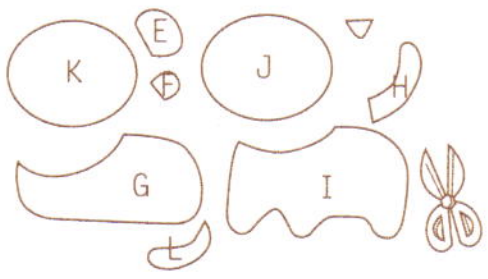

3.依纸型剪下小老虎各部位(纸型需另加缝份)。

4.依序贴缝，完成。

5.步骤4+铺棉+坯布压线，再刺绣做装饰。

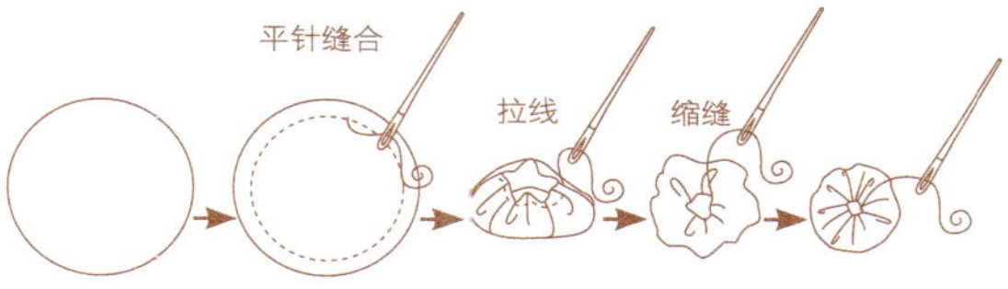

6.剪圆形缩缝做成大、小尺寸的Yoyo花朵(尺寸依个人喜爱)。

7.缝上表布装饰。

完成图

8.装上框即完成。

P.21 上学牛仔

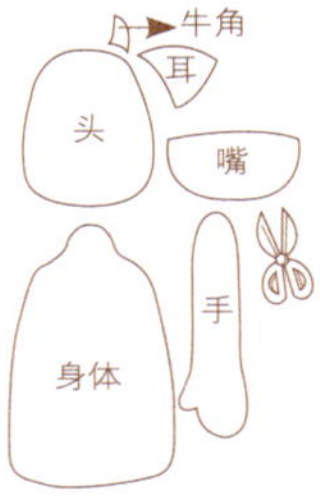

1.依纸型分别画出牛的头两片、嘴一片、身体两片、手四片、脚四片、牛角两片、耳朵四片。

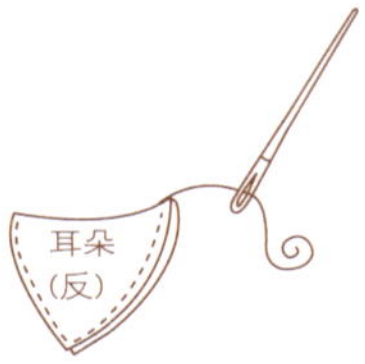

2.耳朵两片各正面相对，除返口处不缝其余缝合一圈(另一组做法相同)。

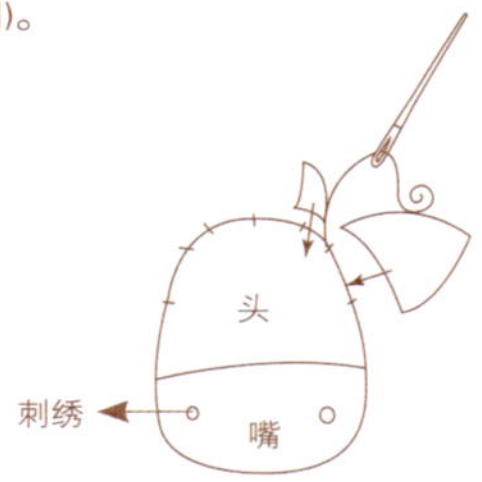

3.头一片与嘴缝合，绣上鼻子。

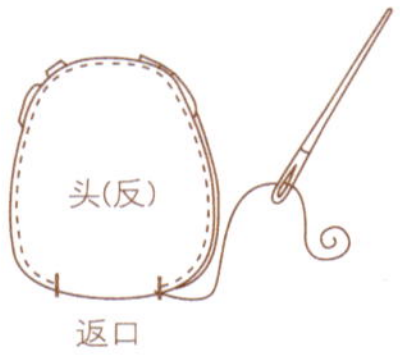

4.牛角与耳朵要倒放，疏缝固定于步骤3正面上。

5.步骤3与另一片布，正面相对，除下方不缝合，其余缝合一圈。

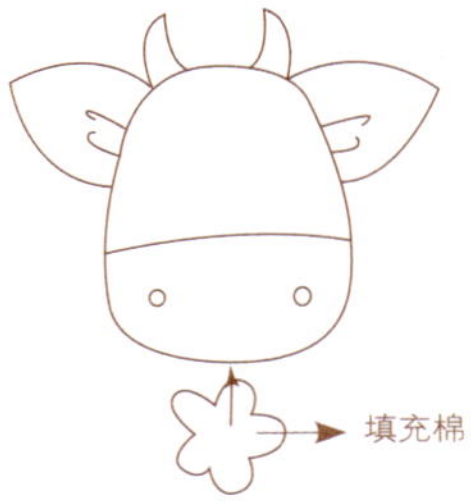

6.翻至正面，塞入填充棉。

7.由返口处缝合上两颗小黑扣当眼睛，拉紧线让眼睛呈凹状，再用咖啡色油性笔画上眉毛。用藏针缝缝合返口处。

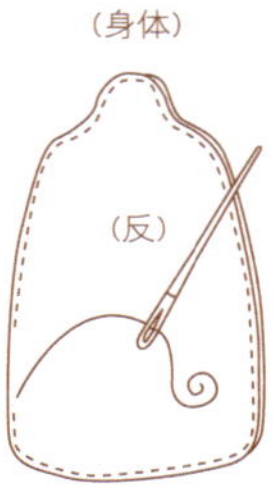

8.身体两片正面相对，除返口处不缝其余缝合一圈，从返口处翻至正面。手两组、脚两组做法相同。

9.身体塞入填充棉，用藏针缝缝合返口处。

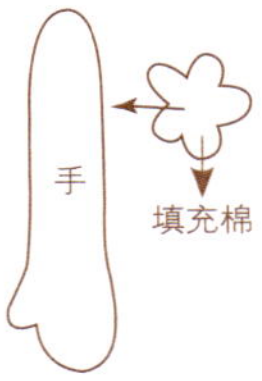

10.手两组各塞入填充棉，用藏针缝缝合返口处。

11.脚两组各塞入填充棉(塞棉时只塞至止缝线)，用藏针缝缝合返口处。鞋子可以上油性颜料或另贴缝上布，再缝上水兵带。

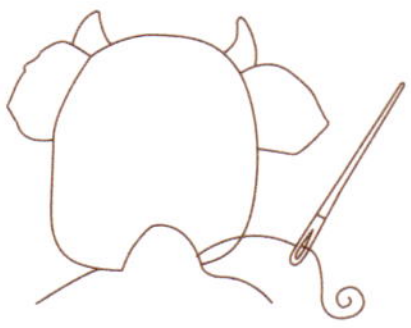

12.身体上方贴布缝于头的后方，手缝合在身体的位置上，脚缝合于身体下方即完成。

(上衣做法)

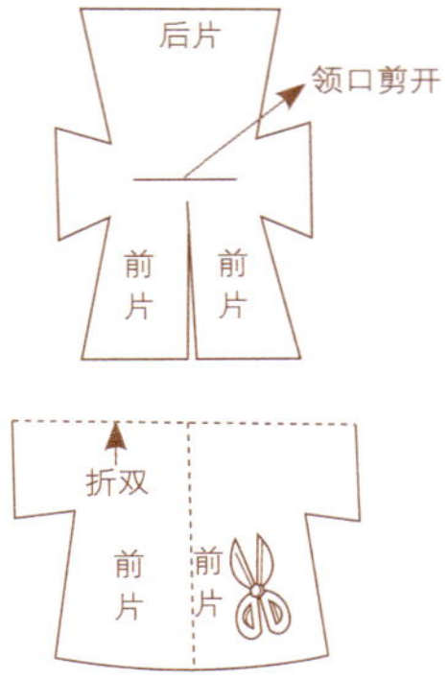

13.依尺寸图剪上衣布一片，上方领口剪开，前片处再剪开成两片，缝合成上衣(可依自己喜好变化)。

P.21 花裙牛妹

完成尺寸：15cm×33.5cm

Before Play素材准备

肤色布约60cm×80cm
内耳11cm×11cm
嘴布9cm×15cm
鞋子14cm×28cm
背带绳约35cm
装饰扣直径12mm
黑色纽扣直径6mm4个(眼睛)
boy衬衫扣直径7mm 3个
鞋带装饰30cm
girl装饰扣直径10mm 1个
girl蝴蝶结蕾丝约15cm1条
帽子1个
牛仔衣服18cm×26cm
牛仔裤子13cm×32cm
牛仔背包14cm×18cm
牛妹洋装30cm×45cm
牛妹裤子14cm×32cm

裤子做法

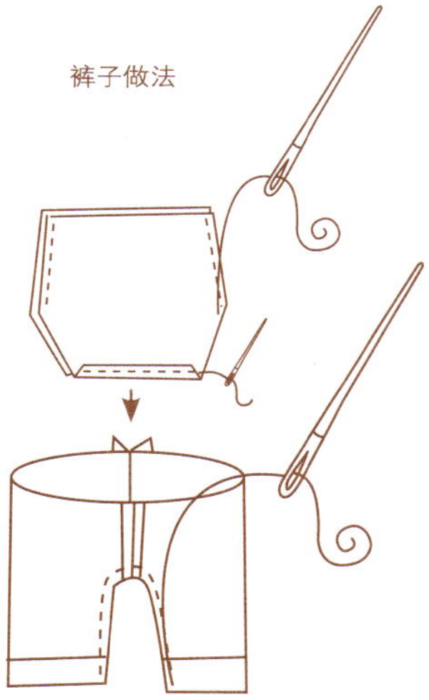

14.两片布先面对面，将两侧先缝合，裤口处两片分别将缝份先往内折缝好。

15.张开裤口对折后，再将裤裆处缝合，翻至正面再穿上缩缝。

背包做法

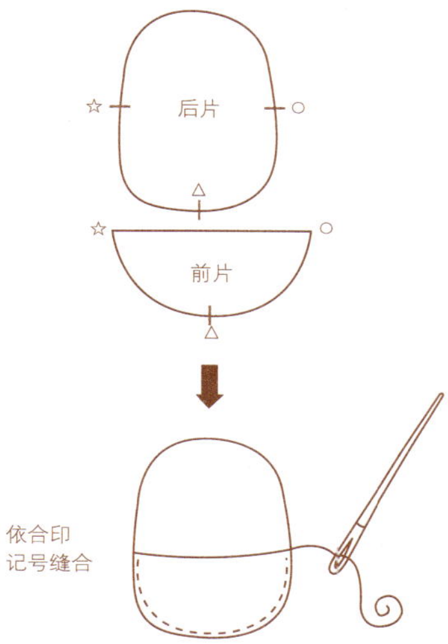

16.背包布后片与前片各一片，将三个合印记号处缝合，再将袋口及袋盖处的缝份一起缩缝即可。

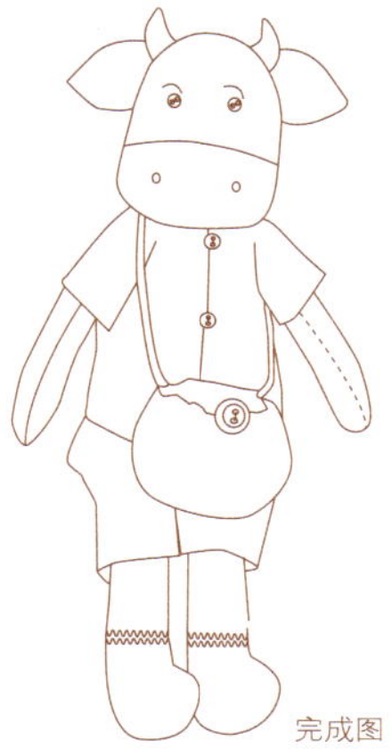

17.将衣服、裤子穿上，挎上背包即完成上学牛仔。

1.身体、上衣、裤子等做法与上学牛仔相同。

裙子做法

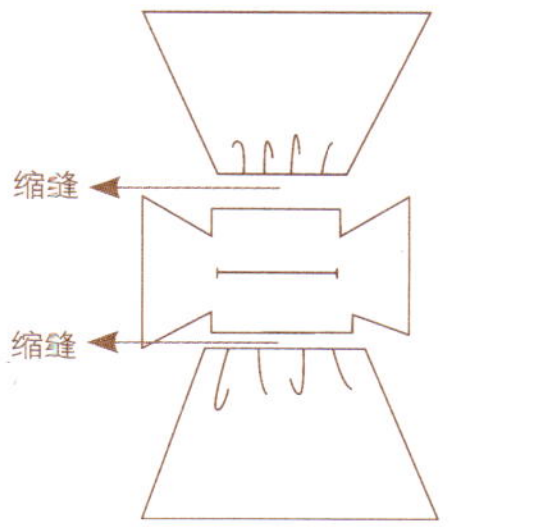

2.将裙片缩缝至与上衣的腰一样宽再接合。

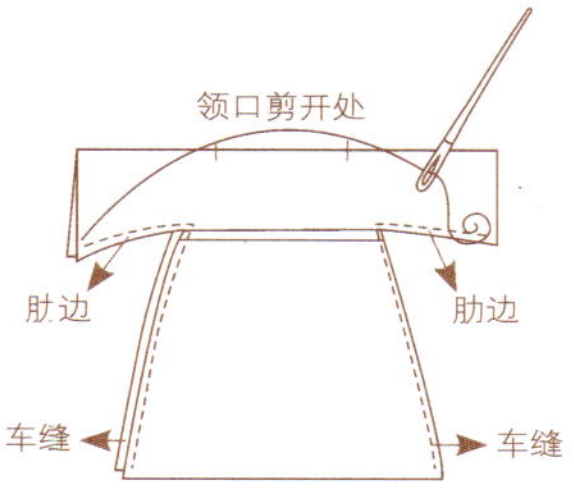

3.步骤2正面相对，将两侧肋边缝合。

4.裙摆整圈连缝份一并缝合蕾丝，头上缝上蝴蝶结配件、手加上装饰帽子，花裙牛妹即完成。

My布怎么玩？

制作方法……

P.15 淘气牛牛化妆包

完成尺寸：22cm×11cm

Before Play素材准备

表布、里布(依纸型裁剪25cm×30cm)
铺棉
不织布
尾巴用布2片
底20cm×6cm布1片
拉链20cm 1条
扣子眼直径12mm 2个
咖啡色绣线
滚边布4cm×70cm

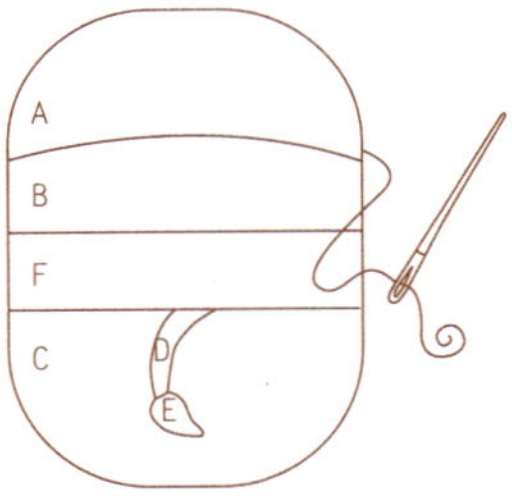

1.依原尺寸图A～F贴布拼接完成。

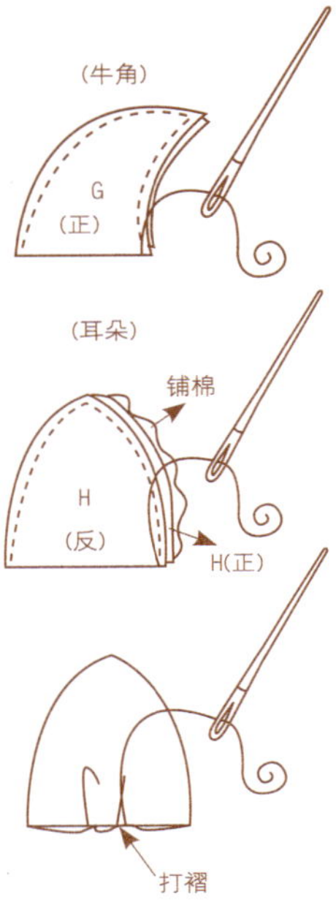

2.G牛角：不织布两片如图缝合，H耳朵：四片布各两片布正面相对＋铺棉，缝合一圈，下方留返口，完成后翻至正面。牛角与耳朵疏缝固定在表布上(耳朵疏缝时需返口处打褶后才固定于表布上)。

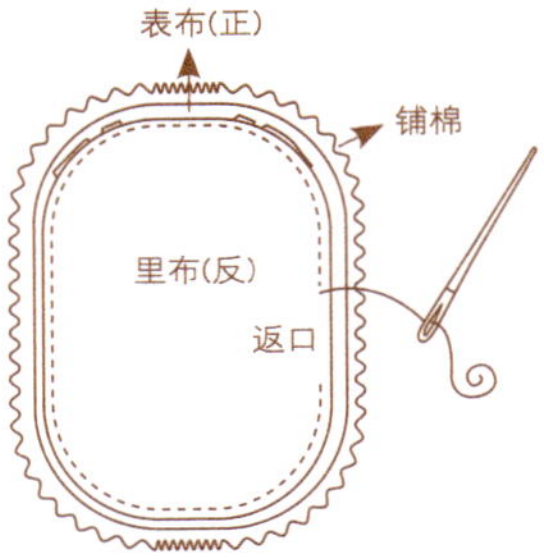

3.表布＋里布＋铺棉(布的正面相对)，缝合一圈留返口。

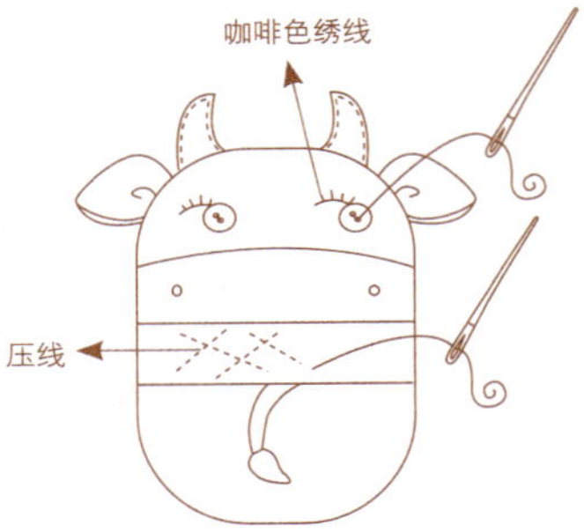

4.从返口处翻至正面再压线，缝上扣子当眼睛，用咖啡色两股绣线回针绣绣上眼睫毛与鼻子。

P.16 围巾牛牛钥匙包

Before Play素材准备

表布、里布(依纸型裁剪15cm×35cm)
不织布少许
钥匙圈1个
吊绳约45cm
绣线适量
黑扣子眼直径8mm 2个
小牛围巾1.5cm×30cm
滚边布4cm×20cm

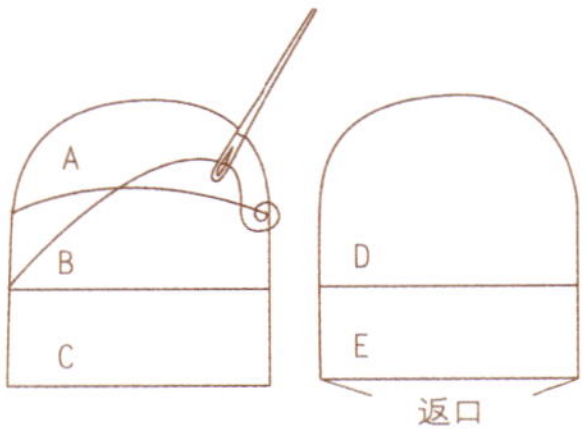

1. 依序将A～C、D～E拼贴完成（耳朵与牛角做法同淘气牛牛化妆包），正反面分别与里布＋铺棉中表半圆处，底下平口处为返口。

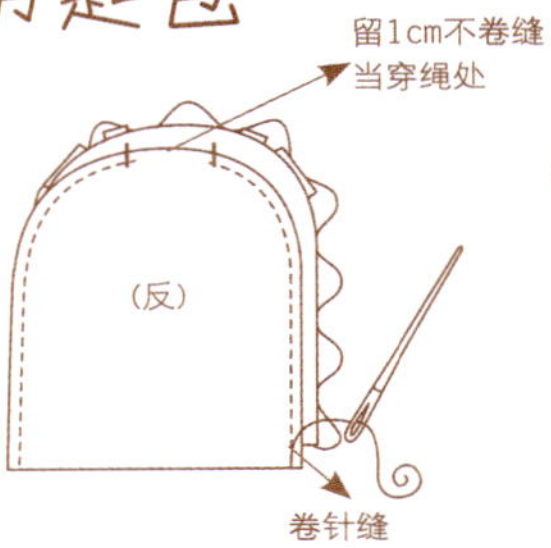

2.将牛角与耳朵疏缝固定在表布上，正、背布正面对正面中表以卷针缝缝返口（上面留1cm不卷缝）。

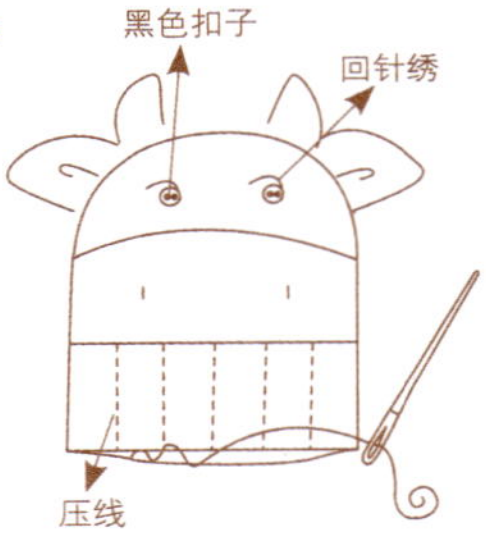

3.翻回正面再压线，绣上眼线、鼻线与眼睛。

My布怎么玩？ 制作方法……

P.17 大耳牛手机套

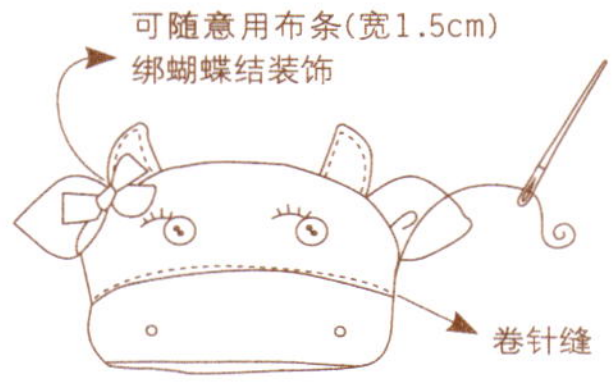

5.表布对折正面相对以卷针缝缝合两侧，折三角形袋底为4cm。

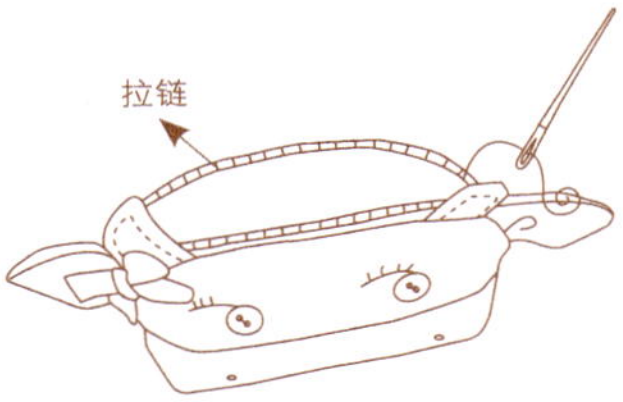

6.最后缝上拉链即可。

7.背后图。

Before Play素材准备

表布、里布(依纸型裁剪15cm×30cm)
黑色扣子直径10mm 2个
6mm皮带约40cm或钥匙环1个
绣线少许
10cm宽弹簧夹1个
米色不织布10cm×10cm

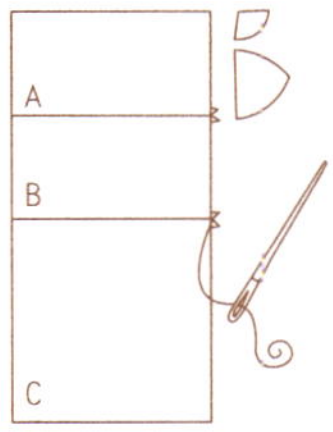

1.表布A～C拼接完成，与铺棉＋坯布压线。

2.牛角各两片车合装饰线与耳朵疏缝固定在A表布上。

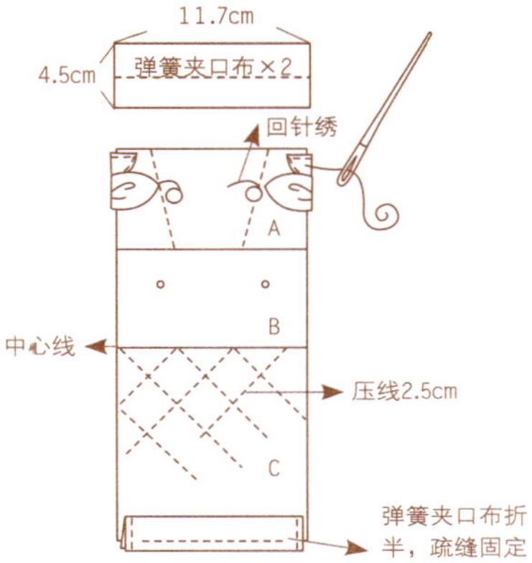

3.弹簧夹口布需先疏缝在A、C布上。

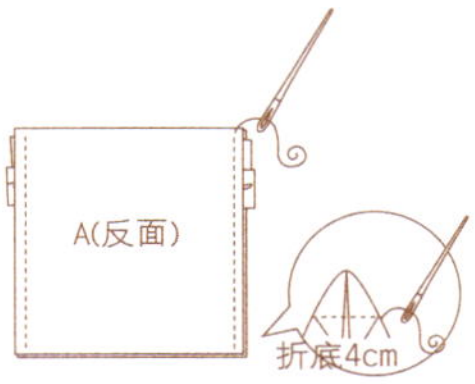

4.表布面对面对折车缝两侧，折底为4cm。

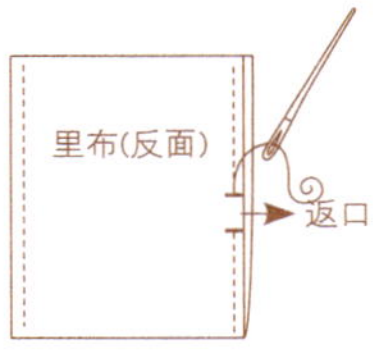

5.里布12cm×25cm对折车缝留返口，折底4cm，再与外袋正面相对将袋口一圈缝合。由返口翻至正面再装入弹簧夹即可。

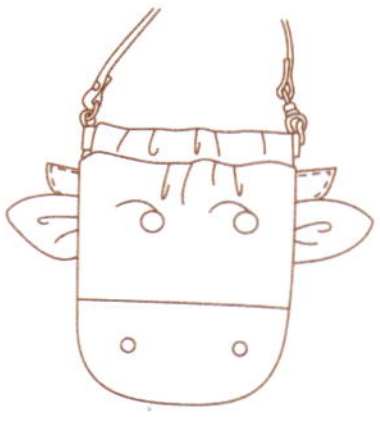

6.完成图。

4.翻至正面后再将下缘处一圈滚边。

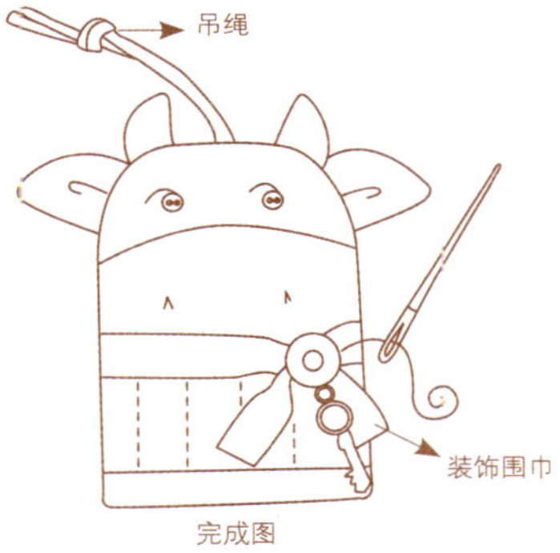

5.穿入吊绳打结，缝上装饰围巾即完成。

P.18 粉红牛随身小包

Original Size 原尺寸图形

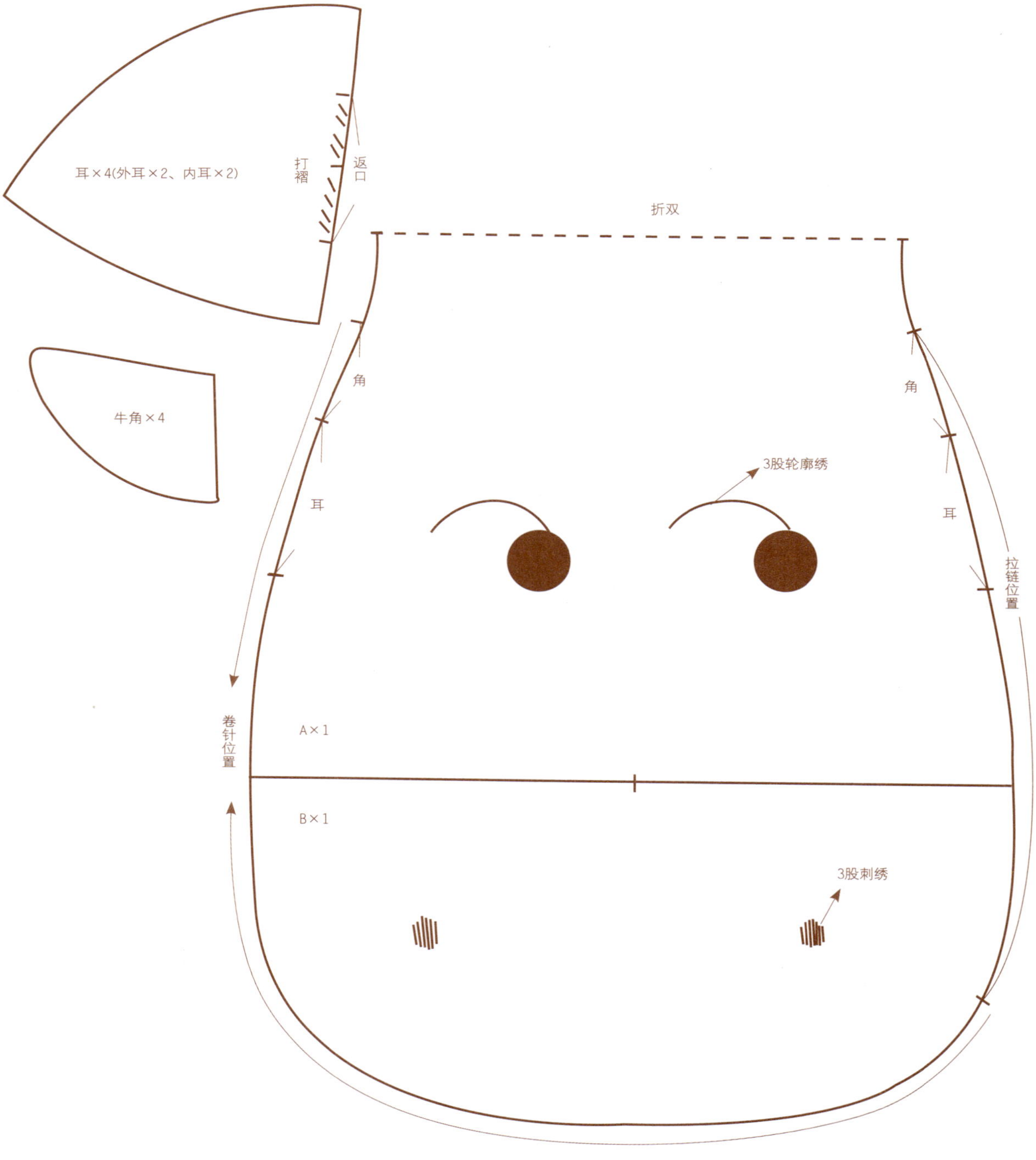

My布怎么玩？
制作方法……

P.18 粉红牛随身小包

完成尺寸：18cm×13cm

Before Play素材准备

- 表布A约25cm×14cm
- 表布B约7cm×14cm
- 里布约30cm×14cm
- 铺棉
- 拉链15cm 1条
- 黑色扣子直径10mm 2个
- 提环直径6mm约40cm长1个
- 绣线少许

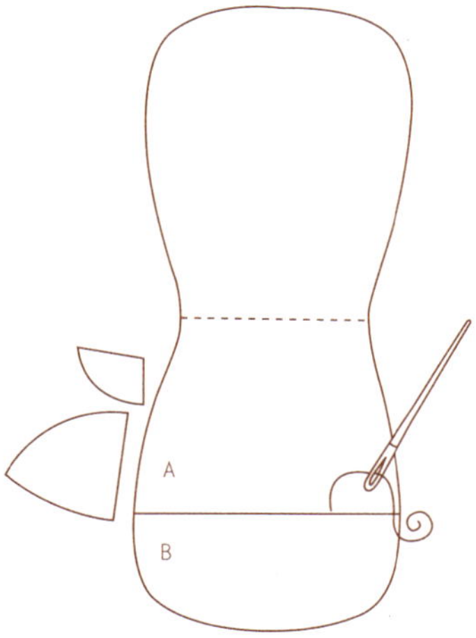

1.表布A+B先拼接完成，再画一片里布(A+B)备用。

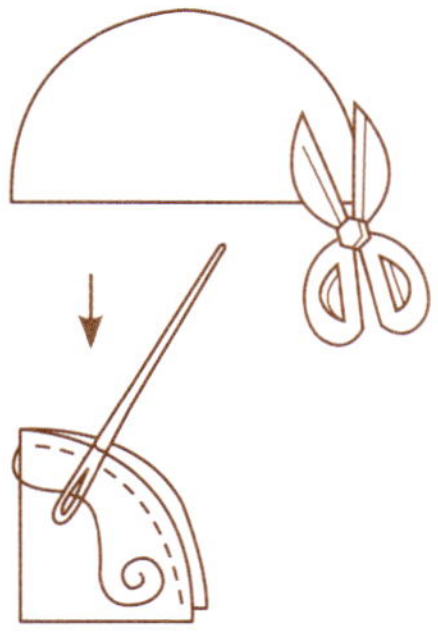

2.耳朵与牛角分别中表，翻至正面再疏缝固定在表布牛角与牛耳位置上。

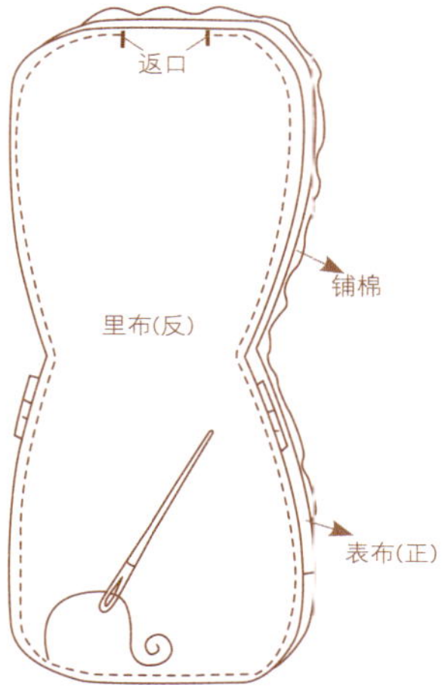

3.表布与里布正面相对+铺棉中表，缝合一圈并留返口。

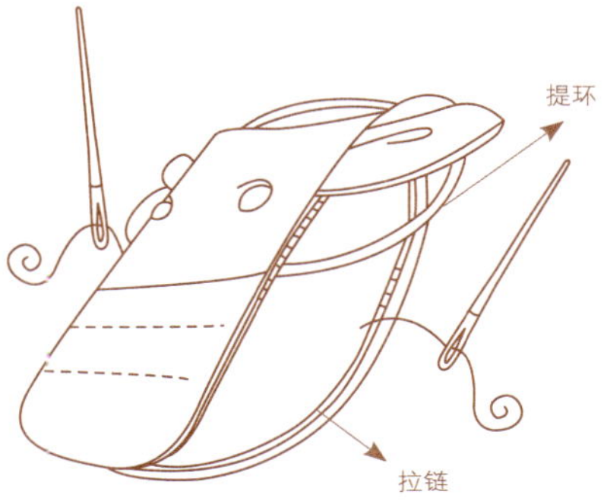

4.缝份上的铺棉需修掉后再从返口处翻回正面压线，穿入提环后，卷针缝缝合留一侧再上拉链。

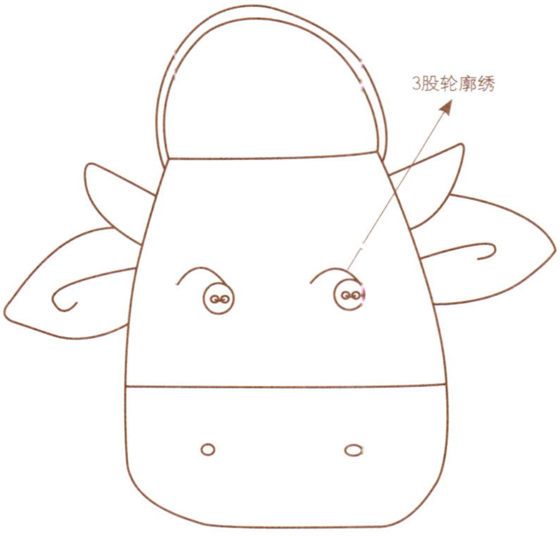

完成图

5.绣上牛牛的眼线、眼睛，作品完成啰！

P.40 酷懒之猫零钱包

完成尺寸:10cm×10cm

Before Play素材准备

- 表布A～C各10cm×10cm
- 表布D 5cm×23cm
- 黑色素布8cm×8cm 1片
- 黑色皮绳4cm 1条
- 白色扣子直径6mm 2个
- 绣线少许
- 星形装饰扣2个
- 里布14cm×24cm 1片
- 拉链16cm 1条

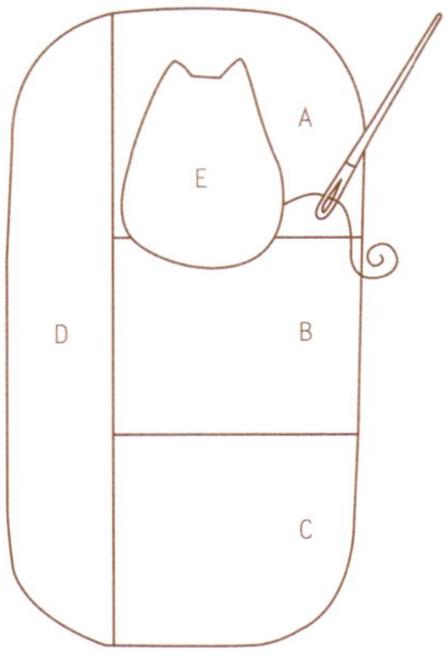

1.按A～D顺序拼接完成，再贴缝上黑猫E，贴缝前记得放入黑色皮绳做尾巴。

3.绣上装饰扣及装饰线后，再滚边外围一圈。

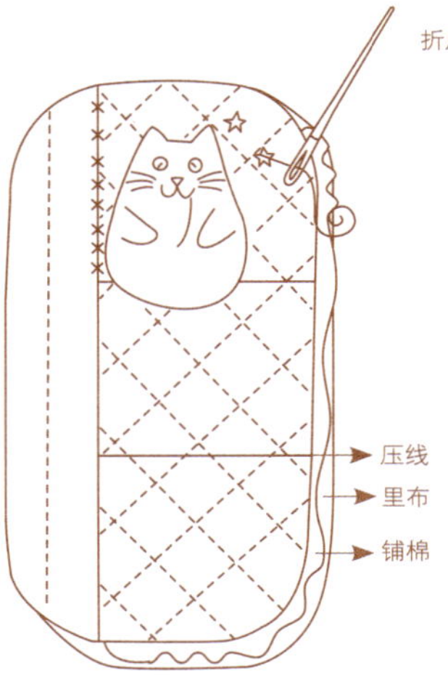

2.绣好黑猫表情，表布拼接完成+铺棉+里布压线。

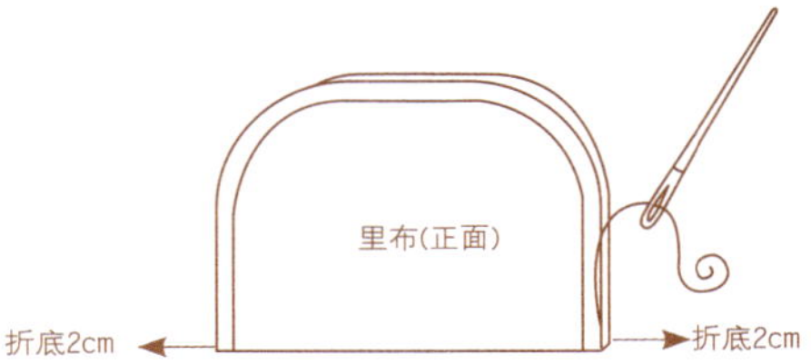

4.步骤3对折，布的正面相对卷针缝缝合，两边各折底2cm。

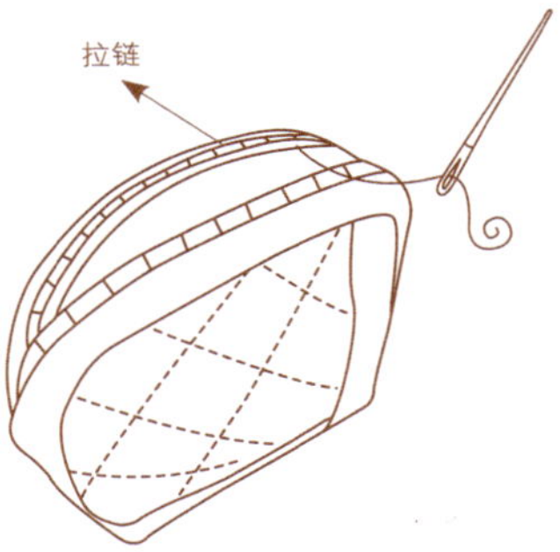

5.翻至正面再缝上拉链，作品即完成。

6.完成图。

P.42 爆炸头小子遥控器座

完成尺寸：23cm×34cm

Before Play素材准备

- 肤色布15cm×18cm 1片
- 衣服20cm×35cm 1片
- 袜子15cm×8cm 1片
- 鞋子10cm×12cm 1片
- 口袋A 15cm×30cm
- 口袋B 15cm×6cm
- 黑色不织布6cm×6cm
- 水兵带、缎带适量
- 铺棉13cm×26cm
- 毛线适量
- 猫尾巴皮绳5cm
- 硬胶板10cm×23cm
- 填充棉

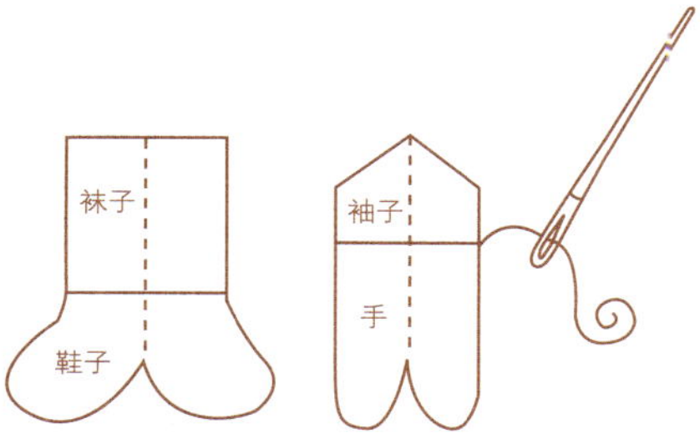

1.袜子与鞋子、手与袖子先拼接再对折缝合。

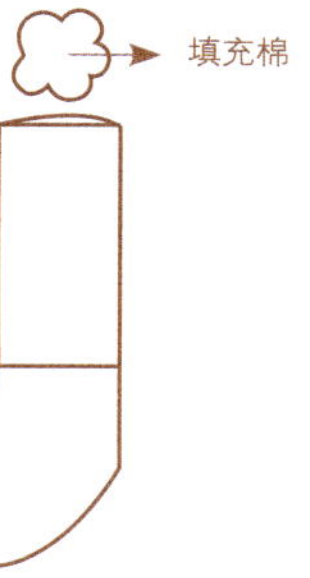

2.翻至正面放入填充棉(放入1/2即可)。

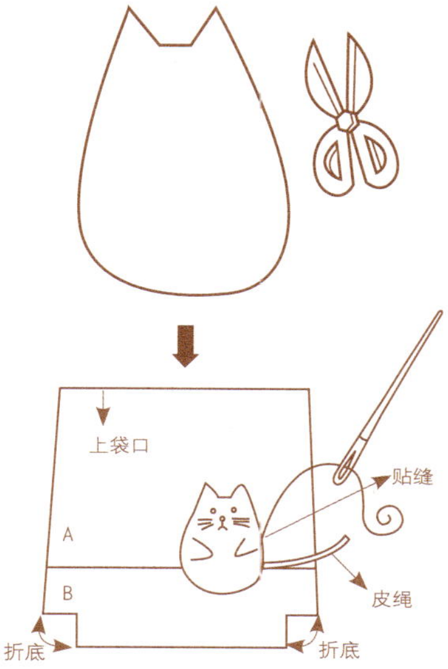

3.口袋A+B先缝合，再将黑猫贴缝好，绣上鼻子、胡须，缝上眼睛及尾巴皮绳，再与口袋背布面对面，将上袋口缝合，翻至正面车上水兵带。

※口袋A+B=口袋背布

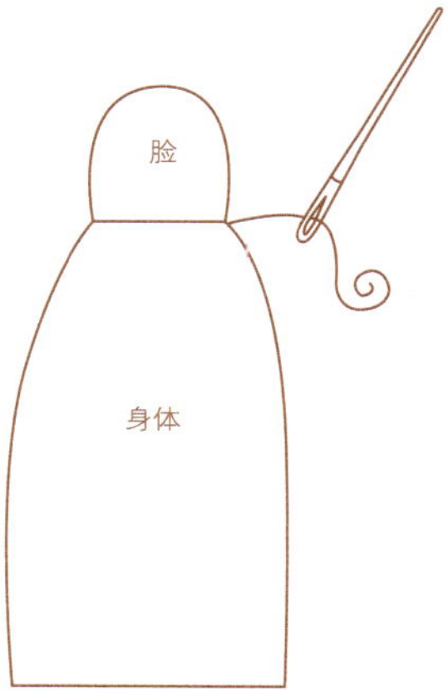

4.娃娃脸与身体先缝合。

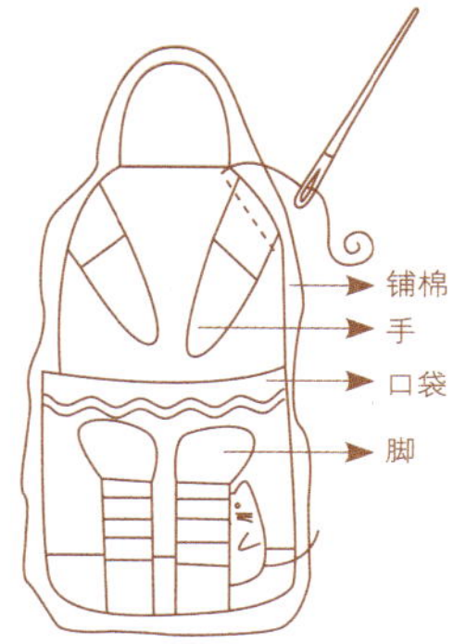

5.将手、脚、口袋疏缝固定在前身体表布+铺棉+背布一并中表缝合并留返口，翻至正面后再将胶板放进身体，缝合返口。

完成图

6.娃娃脸上缝上扣子当眼睛，绣上鼻子、嘴线、头发，绑上缎带围巾即完成。

P.31 笑嘻嘻小黑人口夹包

完成尺寸：10cm×13cm

Before Play素材准备

- 肤色布10cm×13cm 1片
- 衣服布13cm×16cm 1片
- 头巾布25cm×45cm 1片
- 白色扣子直径10mm 2个
- 红色不织布
- 米色嘴布7cm×7cm
- 蕾丝26cm
- 内袋布13.5cm×31cm
- 弹簧夹10cm 1个

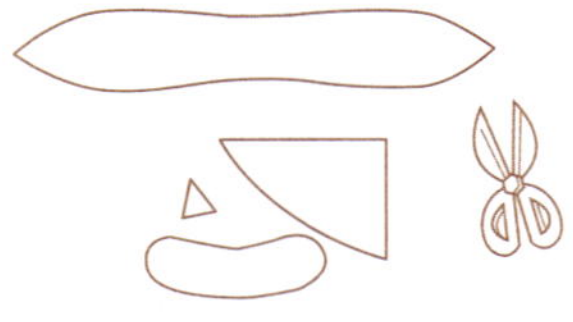

1.依纸型剪下头巾、脸、鼻子各部位。

2.先将头巾、鼻子、嘴贴缝在脸上，再与衣服、后头巾三片接缝在一起烫在单胶棉上，再缝上领子蕾丝。

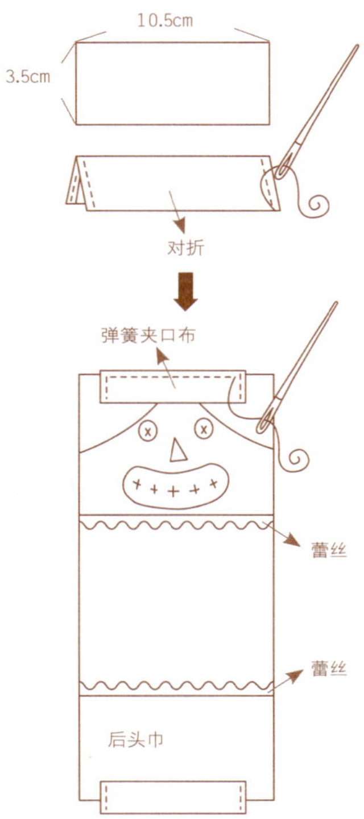

3.裁弹簧夹口布10cm×3.5cm两片，各在3.5cm侧将缝份先缝装饰线，对折后疏缝在黑人头巾与另一端的后头巾处。

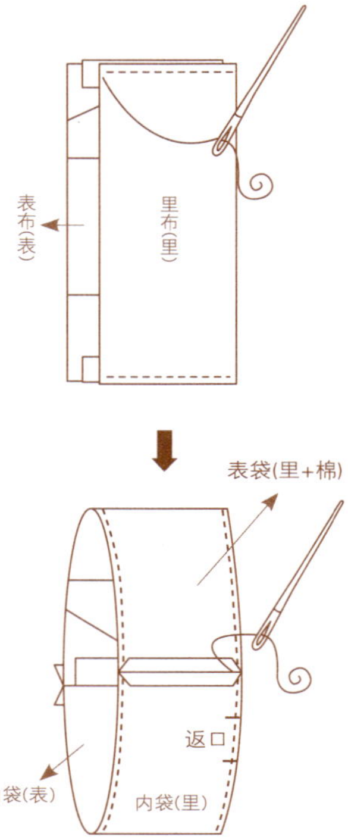

4.裁里布11cm×28cm，步骤3与里布面对面中表，裁步骤3同尺寸的里布，再两片正面相对缝合上方与下方。

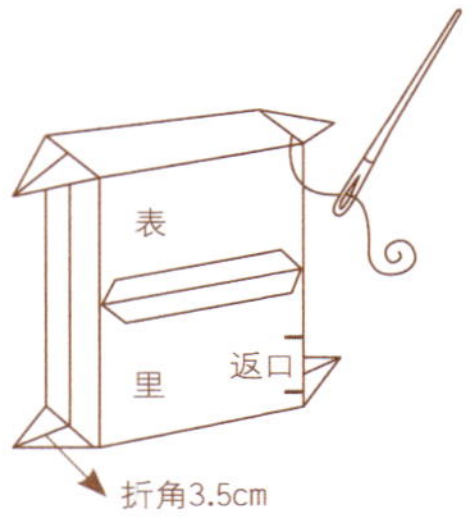

5.内袋与外袋分别折角3.5cm缝合，从内袋预留的返口翻至正面即完成。

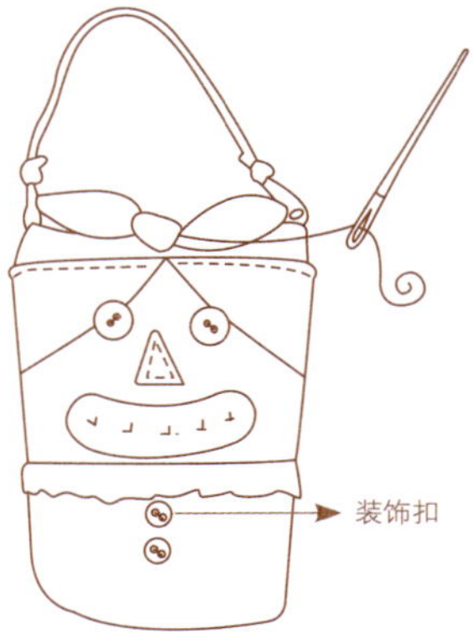

完成图

6.缝上装饰扣，在头巾上打个蝴蝶结，作品即完成。

P.33 宝琳蒂姐妹花

完成尺寸：32cm×45cm

Before Play素材准备

- 肤色布48cm×27cm
- 条纹袜20cm×17cm
- 鞋子16cm×20cm
- 上衣52cm×22cm
- 裙子40cm×40cm
- 裤子45cm×26cm
- 头巾40cm×40cm
- 不织布米色、红色、白色适量
- 领子蕾丝45cm
- 裙子蕾丝75cm
- 装饰扣2个
- 毛线适量
- 填充棉适量

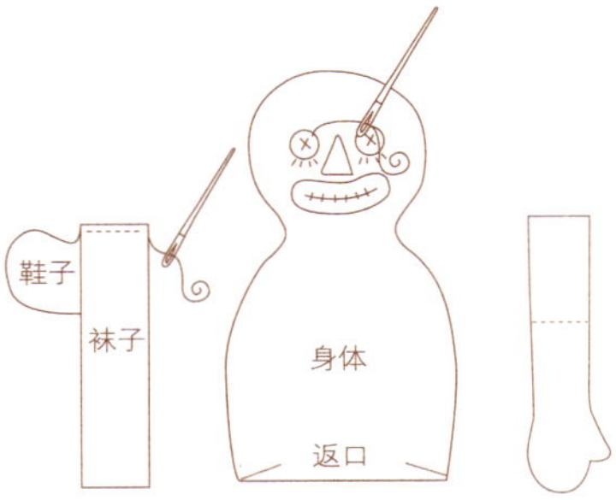

1.袜子与鞋子需先拼接，脸部绣上表情、用扣子做眼睛，身体、手、脚再各自两片正面相对缝合。

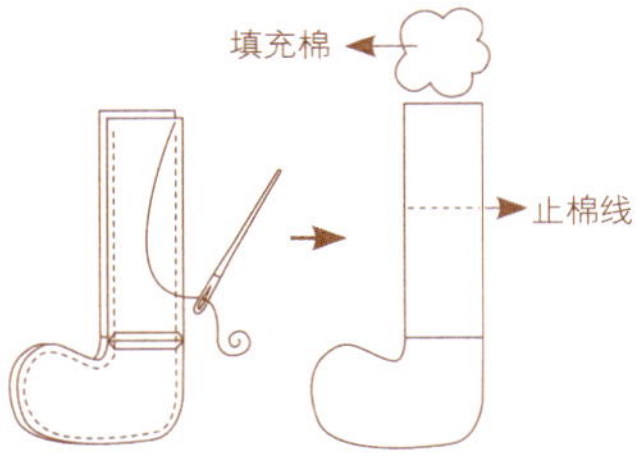

2.翻至正面再塞入填充棉，缝上止棉线。

3.组合完成后，缝上头发。

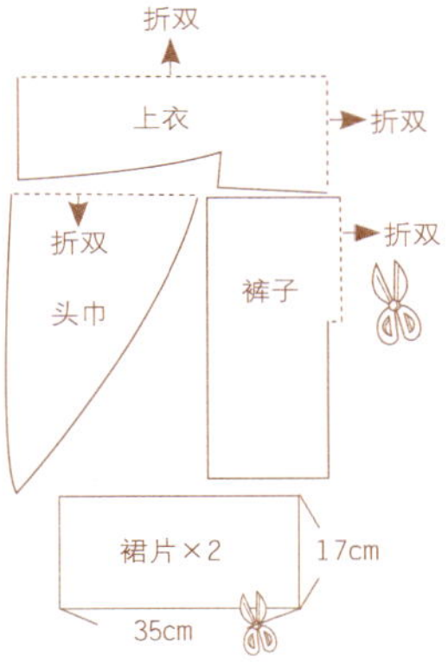

4.依纸型裁剪上衣、头巾、裤子、裙片17cm×35cm，上衣纸型为1/4，所以要左右、上下折双画成一片完整的上衣。

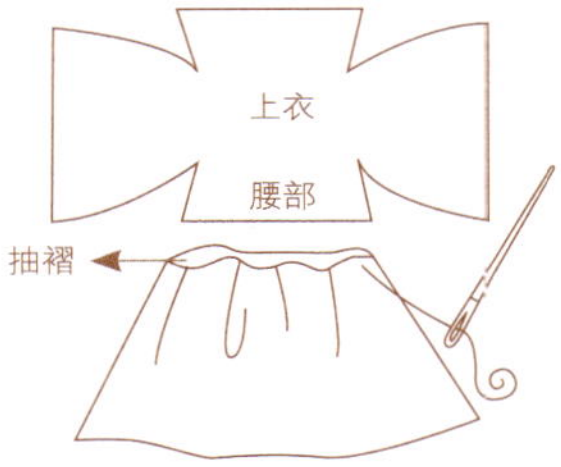

5.裙片的腰部要平针缩缝抽褶至尺寸同上衣的腰部等宽。

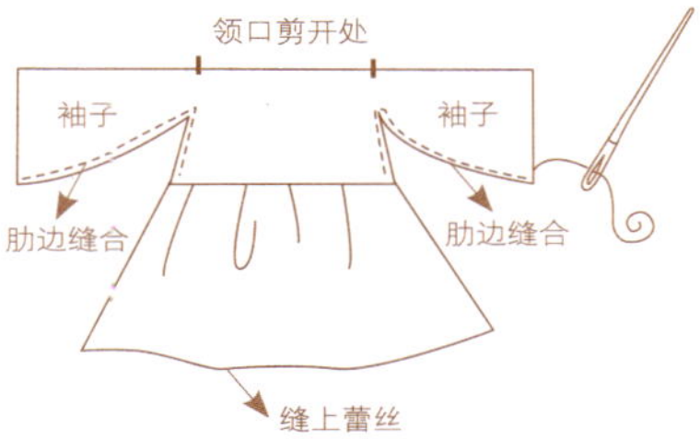

6.上衣与裙片先缝合再对折，将两边肋边袖子缝合，再将裙摆加上蕾丝缝合，领口按记号剪开。

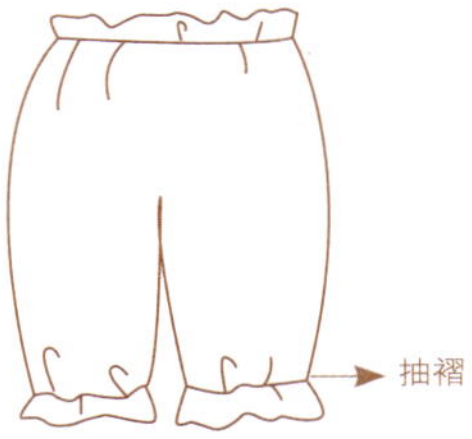

7.裤子做法请参考P.37分解My布玩Ⅱ完成，裤脚需抽褶。

8.娃娃先穿上裤子→上衣→领子缝上蕾丝→头发→最后绑上头巾缝好固定，作品即完成。

My布怎么玩？

制作方法……

P.46 花蕾漫舞手提包

完成尺寸：28cm×19cm

Before Play素材准备

表布A 22cm×25cm
表布B 15cm×30cm
表布C 10cm×20cm
小狗贴布7cm×7cm
背面表布22cm×33cm
蕾丝1.5cm×43cm
里布25cm×110cm
表布滚边(斜布纹)4cm×70cm
40cm提手1副
磁扣1个

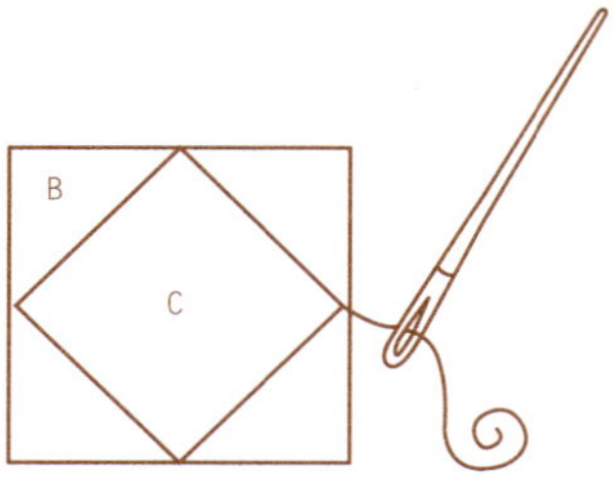

1.将布B与C先拼接为正方形。

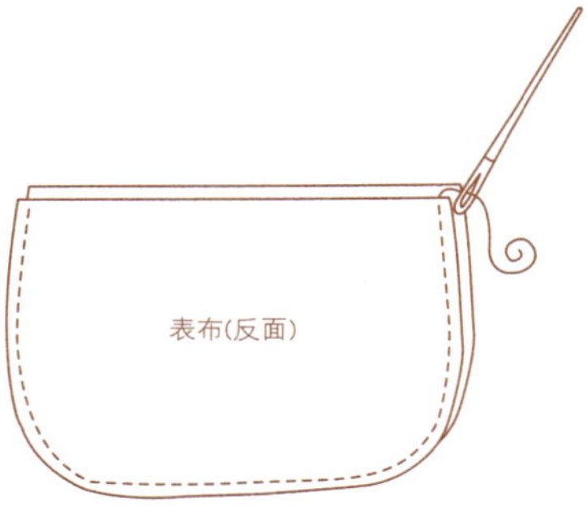

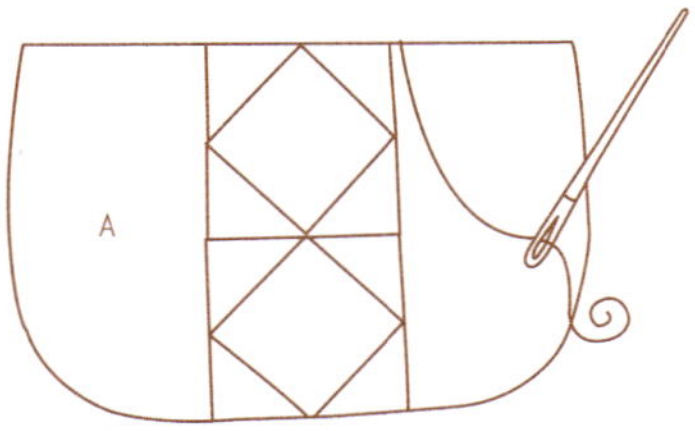

2.再与A表布拼接成表布。背面表布为整片布不需拼接，贴布缝上小狗图形装饰。

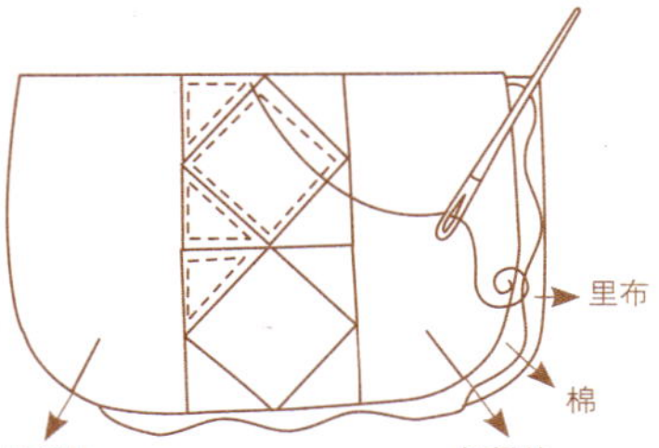

3.表布分别与铺棉、里布压线，表布左、右下方的打褶处需缝合。

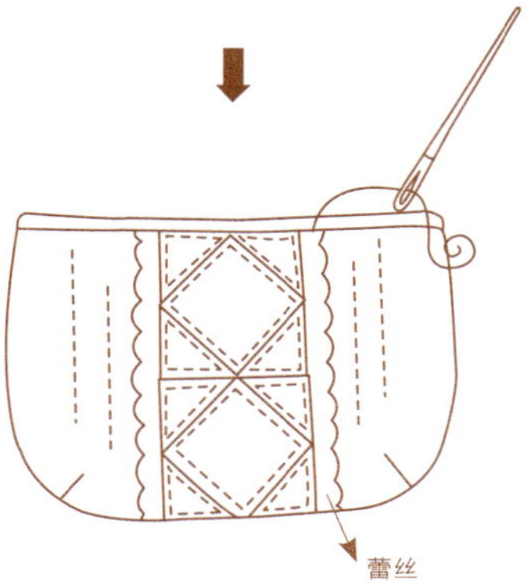

4.贴缝上蕾丝后，前、后片表布面对面缝合，再翻至正面将袋口处一圈滚边。

5.最后缝上提手即完成。

6.背面图。

P.48 狗狗漫步零钱小包

完成尺寸：18.5cm×14cm

Before Play素材准备

表布A～D各约11cm×14cm
表布E 约11cm×17cm
表布F 约16cm×32cm
滚边布4cm×45cm
里布22cm×32cm 1片
绣线、珠珠适量
拉链18cm 1条
小狗图案布 1片

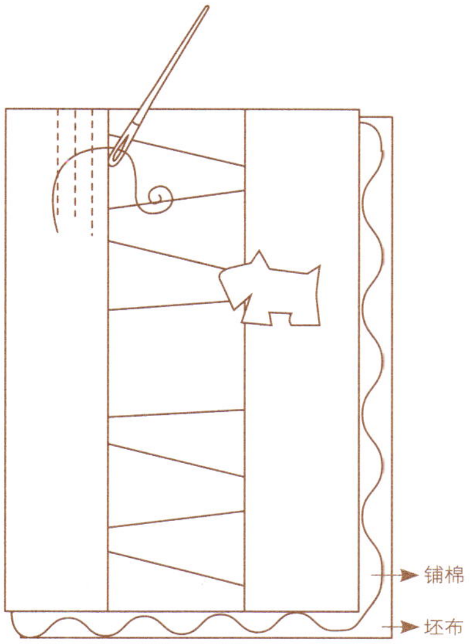

2.表布完成＋铺棉＋坯布压线。

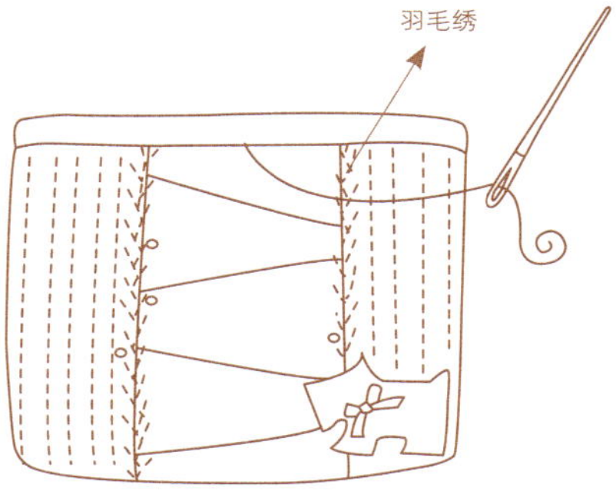

3.绣上羽毛绣与珠子，对折将两侧面对面缝合。

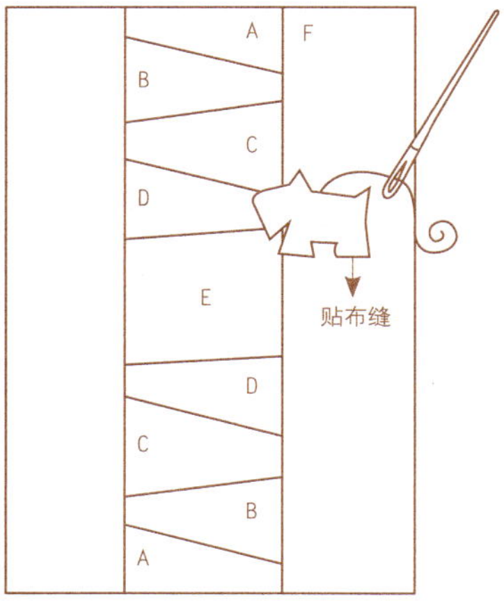

1.依A～F顺序拼接，再贴缝上小狗图案布。

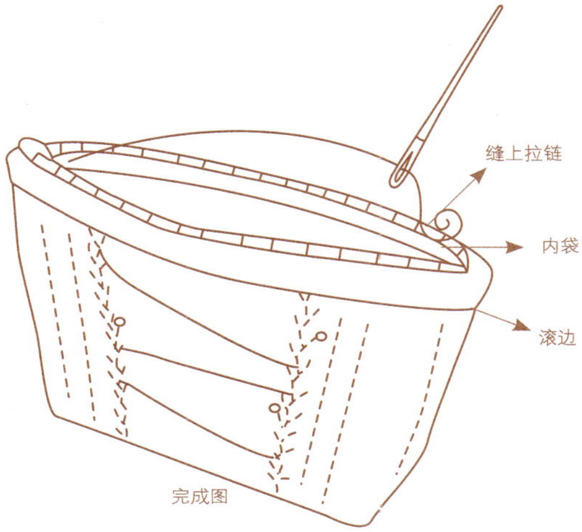

4.内袋另外做好，与表布放在一起将袋口处一并滚边，再缝上拉链即完成。

P.50 苹果小鸭置物篮

完成尺寸：圆直径18cm，高9cm

Before Play素材准备

表布1、3、5、7各10cm×8.5cm 1片
表布2、4、6、8各20cm×17cm 1片
底直径18cm×18cm
里布20cm×75cm
滚边4cm×45cm
配色布少许
绣线适量
宽9mm皮带15cm 2条
铆钉4组
铺棉适量

1.依纸型裁剪下图形。

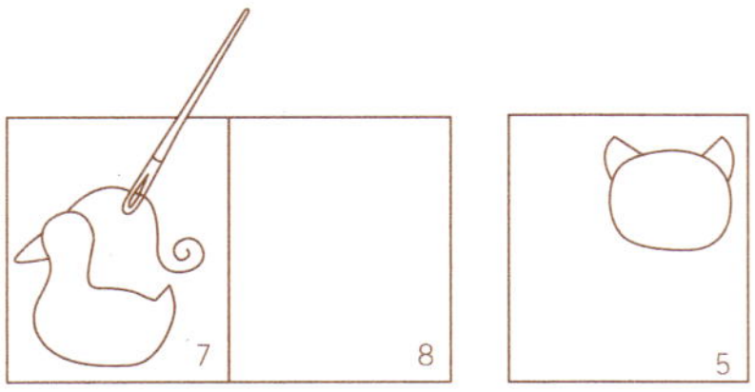

2.表布1、3、5、7贴布缝上图形。

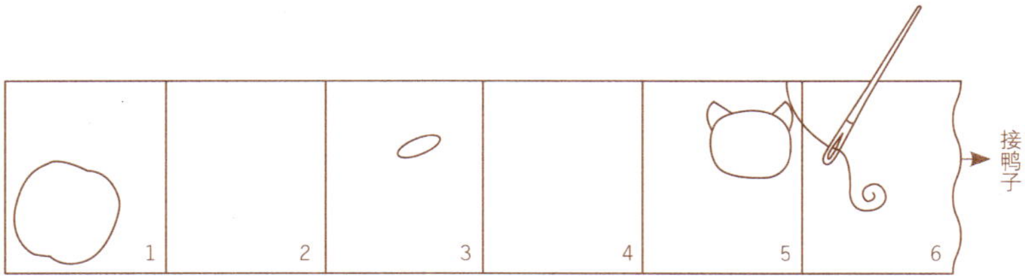

3.再依顺序1～8拼接完成。

4.表布与底布分别加上铺棉+里布压线并绣上字体。

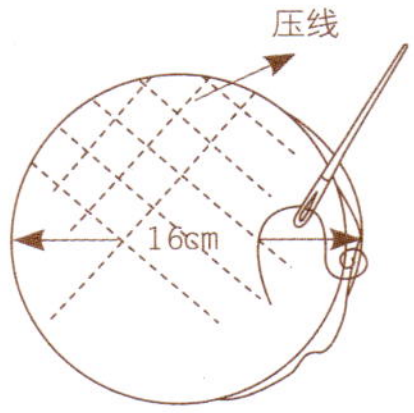

5.将表布1与8缝合成圆形。

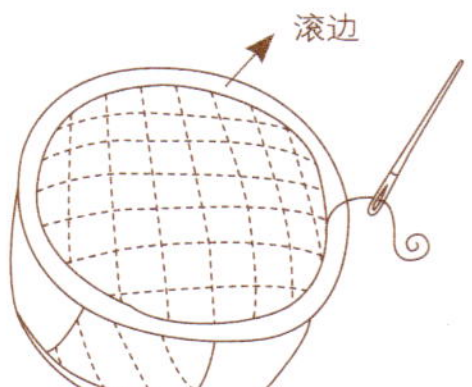

6.先将内侧滚边包起来，再与底整圈组合并包滚边，开口处也包滚边。

7.钉上铆钉于提手即可。

My布怎么玩？
制作方法……

P.52 苹果蜜蜂猫笔袋

完成尺寸：18cm×8.5cm

Before Play素材准备

- 表布6款各9cm×10cm 1片
- 底9cm×22.5cm 1片
- 侧边布9cm×18cm
- 配色布适量
- 绣线、珠珠适量
- 内袋布28cm×40cm 1片
- 滚边布4cm×60cm
- 拉链20cm1条
- 铺棉适量

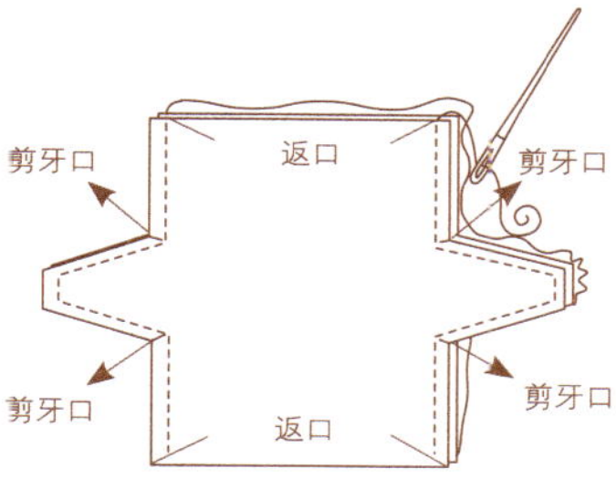

3.和里布正面相对，加铺棉先将两侧中表缝合，如图，四个角需剪牙口才可翻至正面。

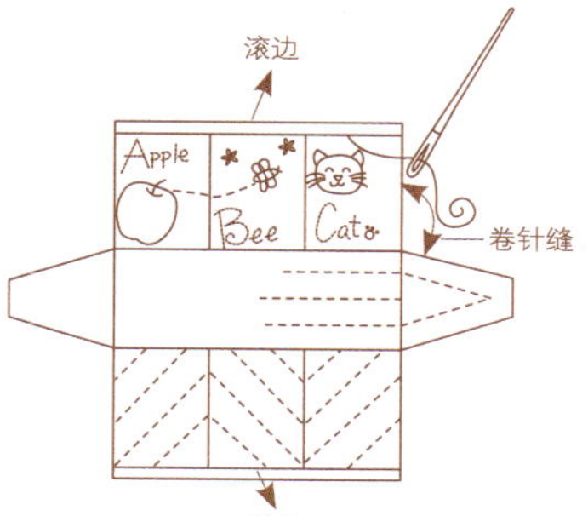

5.将两边的返口处滚边完成。

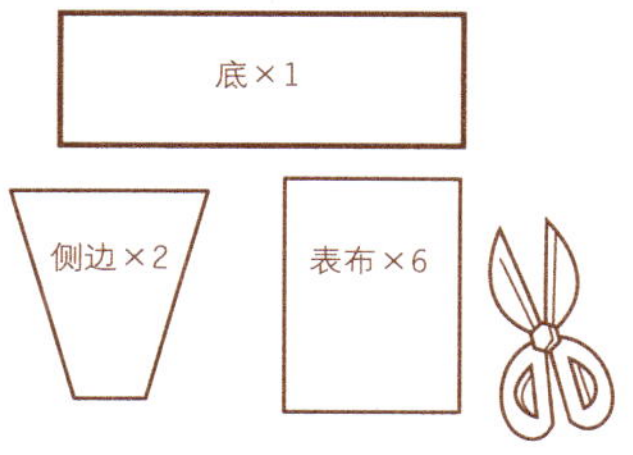

1.依纸型剪下表布。

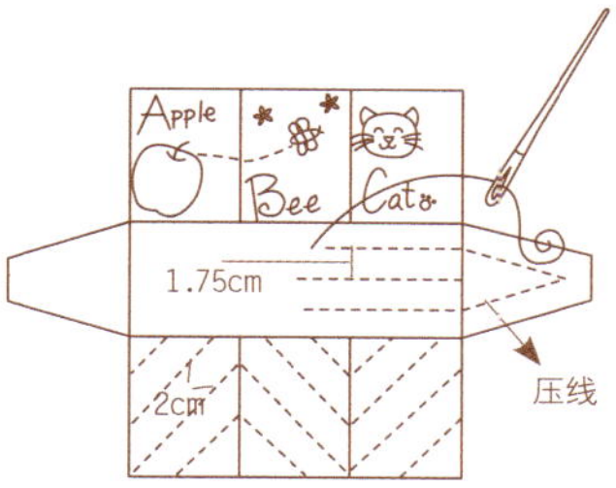

4.翻至正面后再疏缝压线。

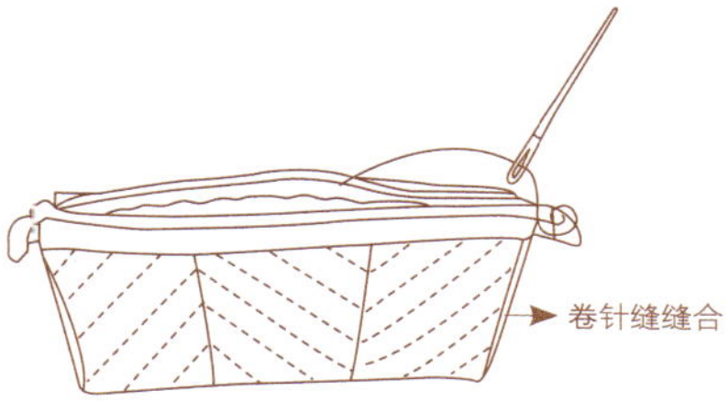

6.将四边以卷针缝缝合成立体状。

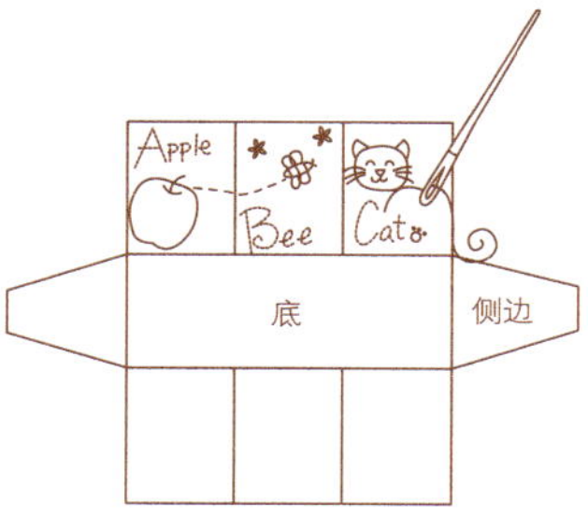

2.将表布如图拼接完成，并刺绣上图案。

※拼接顺序及刺绣方法请参考“苹果小鸭置物篮”

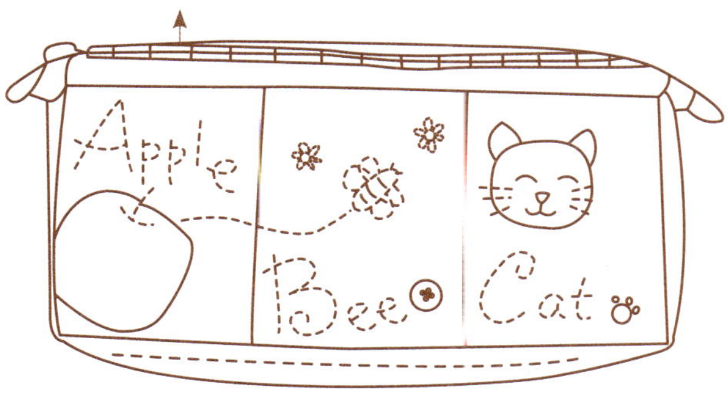

7.缝上拉链即完成。

P.50～52 苹果小鸭置物篮&苹果蜜蜂猫笔袋

Original Size 原尺寸图形

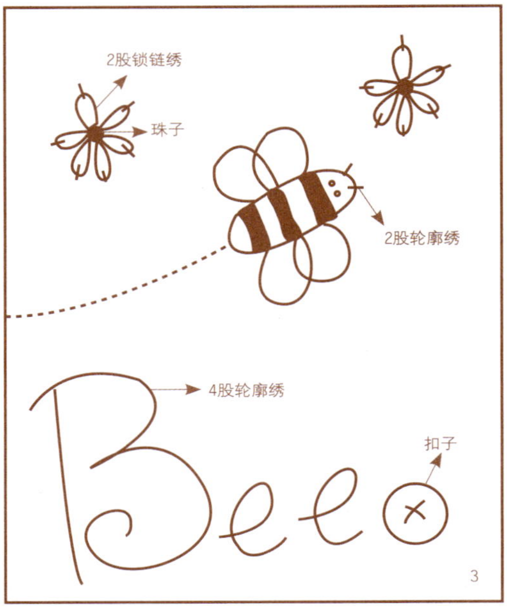

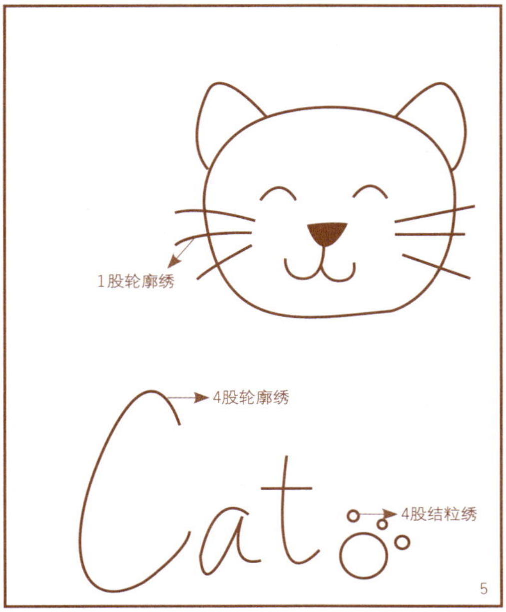

P.52 苹果蜜蜂猫笼袋

Original Size 原尺寸图形

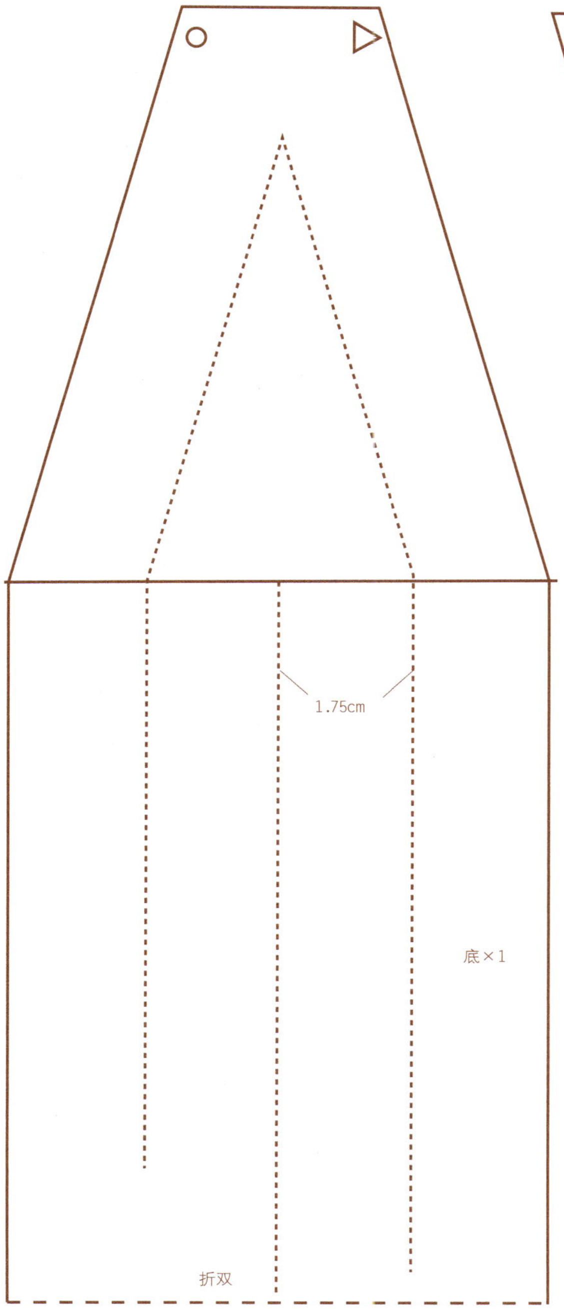

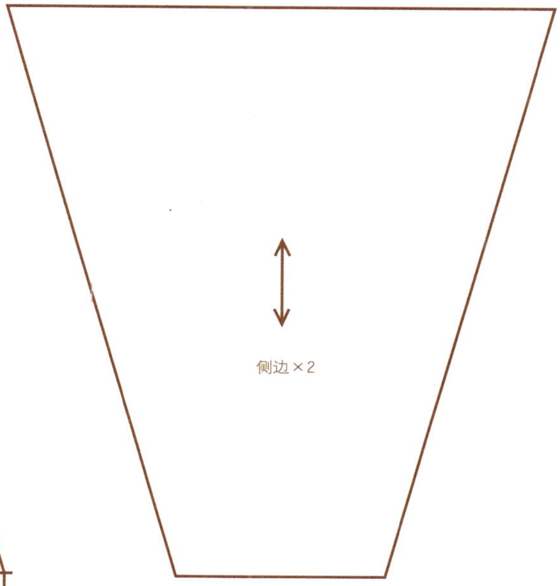

P.55 风车小针插

Original Size 原尺寸图形

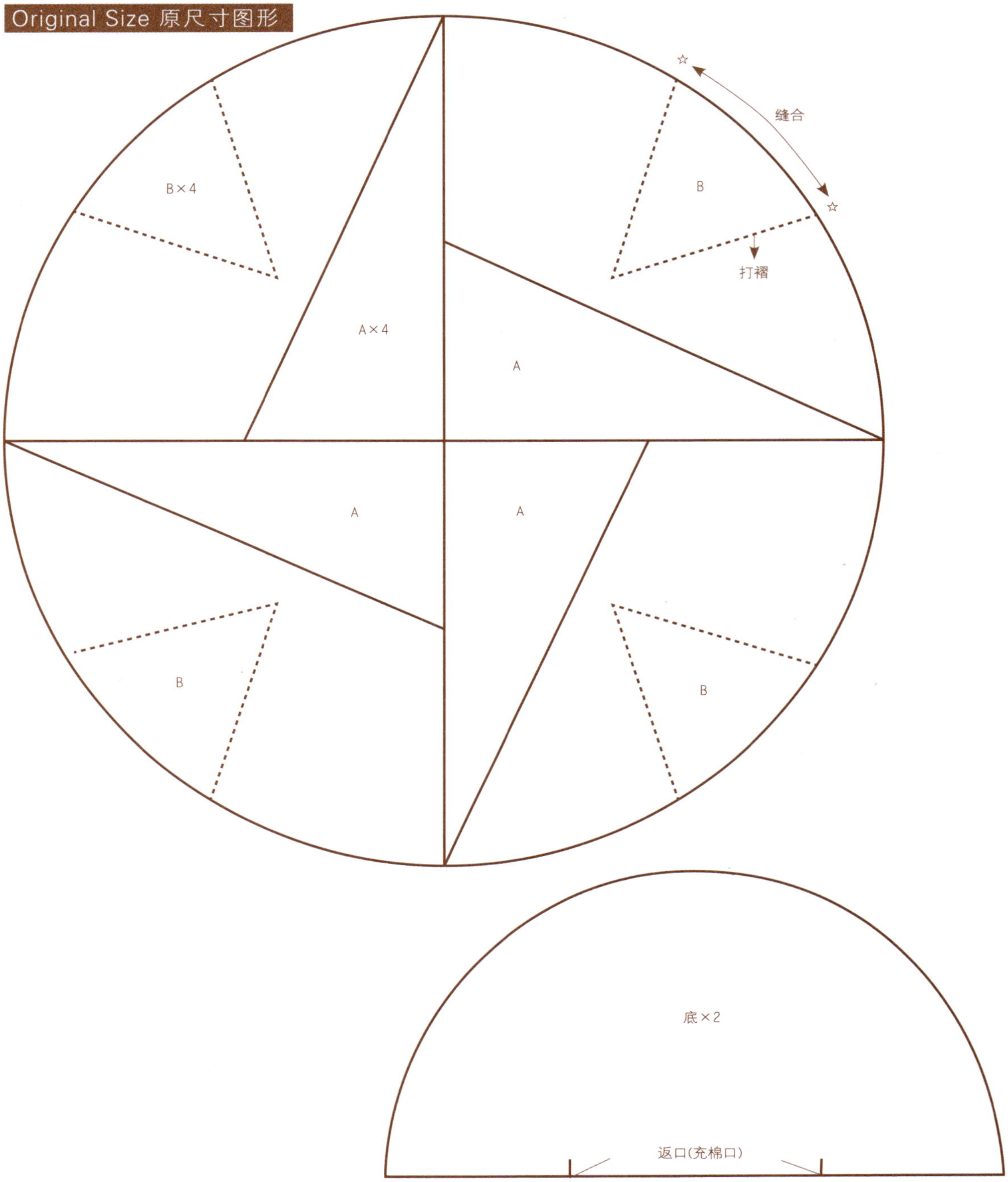

My布怎么玩？

制作方法……

P.54 简易束口袋

完成尺寸：14cm×16cm

Before Play素材准备

- 表布约12cm×30cm 4种花色各1片
- 里布50cm×30cm 1片
- 缩口布约25cm×31cm 1片
- 束口绳100cm
- 木珠 2个
- 铺棉适量

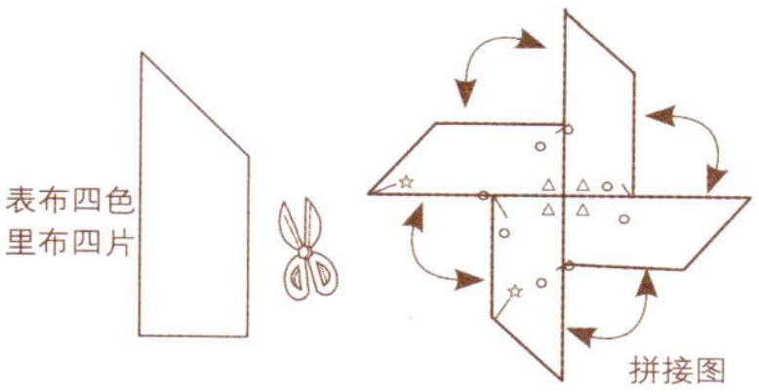

1.表布四种花色、里布四片先分别拼接完成为袋形。

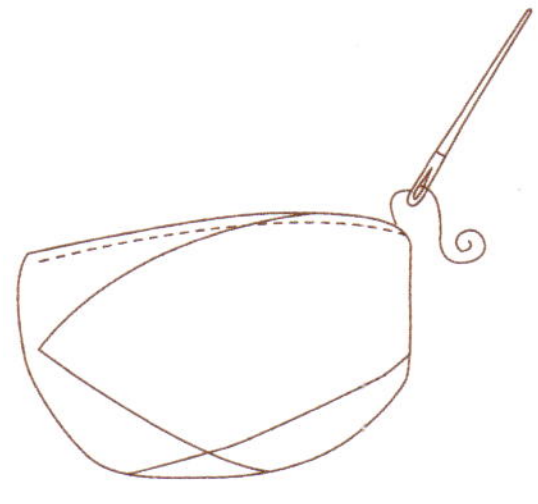

2.内袋与外袋先套合，将袋口处疏缝起来。

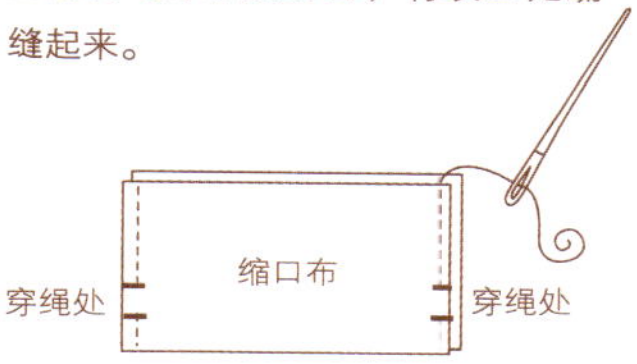

3.缩口布两片先面对面将两边缝合，留洞处不缝合，要穿绳子用，两边缝合处的缝份需张开，再缝上装饰线。

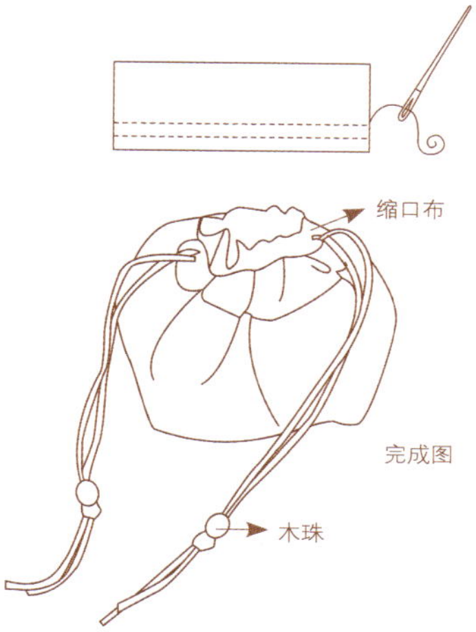

4.缩口布以上滚边的方式将袋口处表布先缝上一圈再往内缝，口布的留洞处上下各车合一圈，即完成穿绳子的通道。穿绳加入木珠打结固定，作品即完成。

P.55 风车小针插

完成尺寸：圆直径9cm

Before Play素材准备

- 表布A约5cm×9cm 4种花色
- 表布B约18cm×20cm 1片
- 底布约12cm×15cm 1片
- 填充棉、装饰织带
- 装饰扣1颗

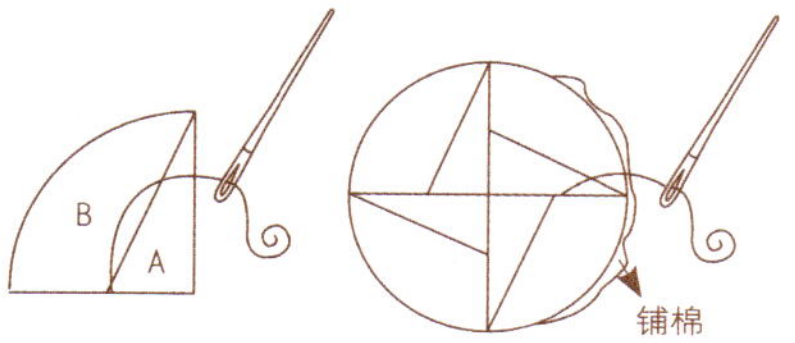

1.A与B先拼接成一组，共完成四组。

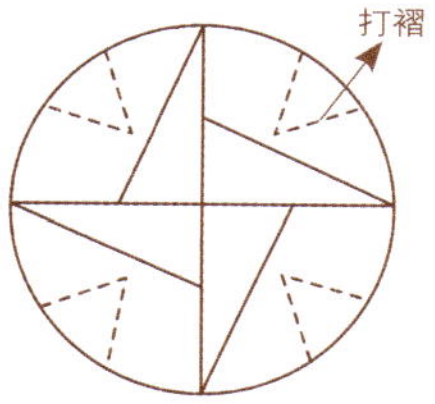

2.将四组拼成一个圆形，加上铺棉再压线，四边打褶缝合。

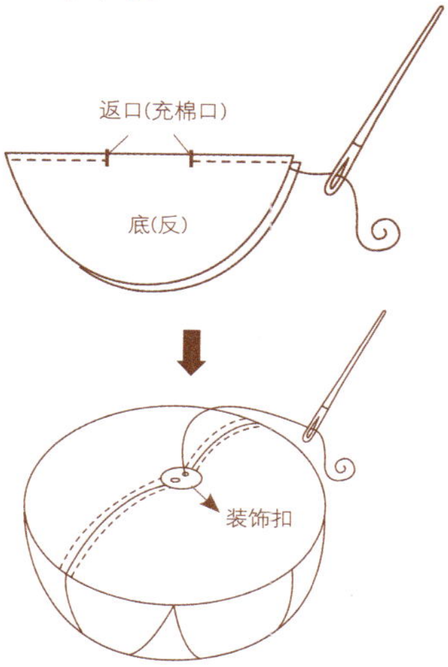

3.底两片正面相对缝合上方并留返口。步骤2与底接合，一并夹车挂耳并由底返口处塞入填充棉，缝上装饰扣。

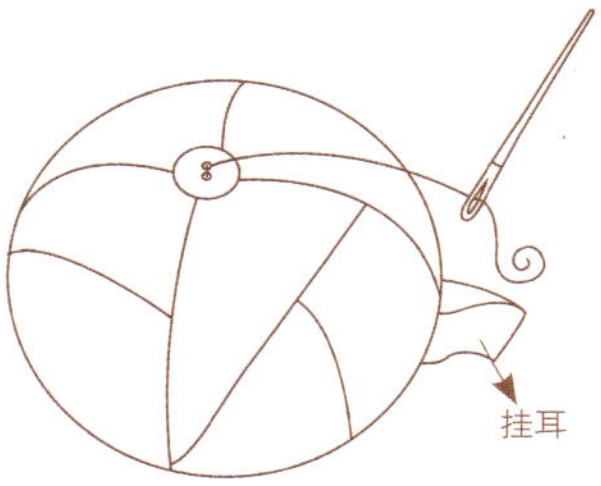

4.正面图。

P.56 A字优雅口金包

完成尺寸：22cm×12cm

Before Play素材准备

表布9种花色各12cm×28cm
侧边布10cm×50cm
里布45cm×55cm
绣线、珠珠适量
平口金20cm 1个
铺棉适量

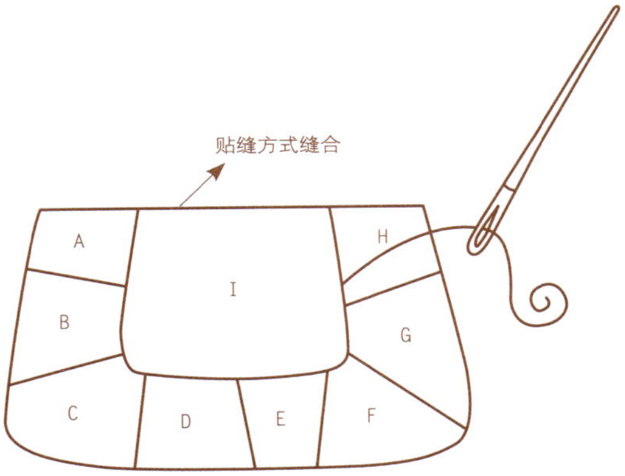

1.表布A～H依顺序拼接，再将I以贴缝方式缝合完成表布(两片)。

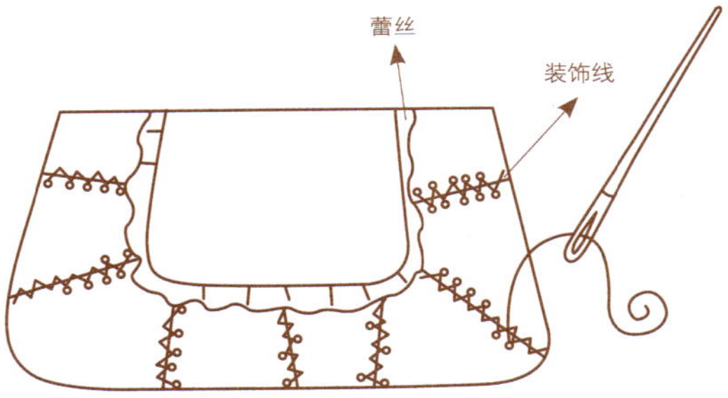

2.表布先将蕾丝贴缝好，再绣上装饰线与珠珠。

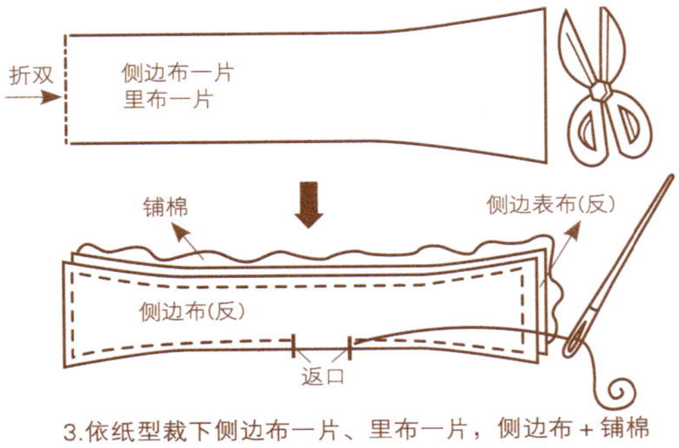

3.依纸型裁下侧边布一片、里布一片，侧边布＋铺棉与里布正面相对车缝留返口。

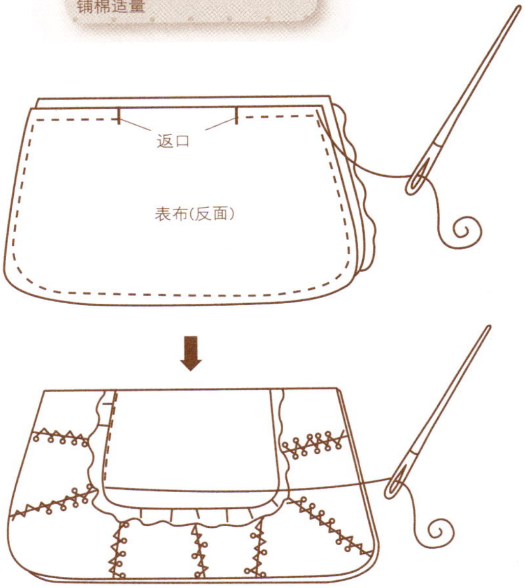

4.表布两片与侧边布分别与里布和铺棉中表，翻至正面再压线。

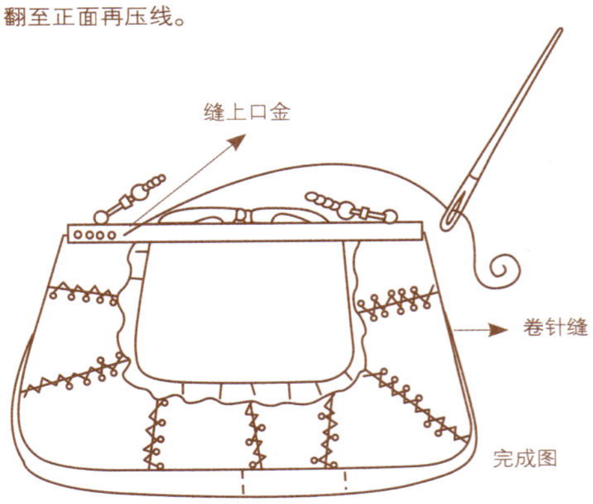

5.以卷针缝组合，并缝上口金即完成。

My布怎么玩？
制作方法……

P.59 玫瑰花札手提口金包B

完成尺寸：21cm×16cm

Before Play素材准备

A约10cm×10cm
B约11cm×11cm
C约14cm×16cm
D约7cm×17cm
E约14cm×25cm
F约7cm×26cm
内袋口金表布32cm×18cm
内里布45cm×55cm
双口金15cm 1组

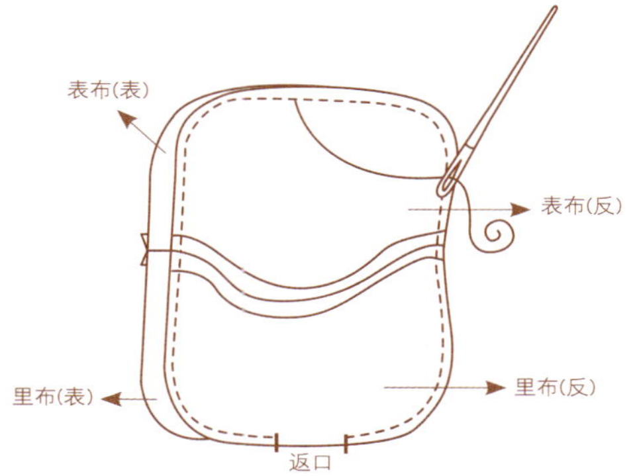

3.两组前、后表布与里布张开面对面车缝一圈，留返口。
※内袋小口金做法亦同

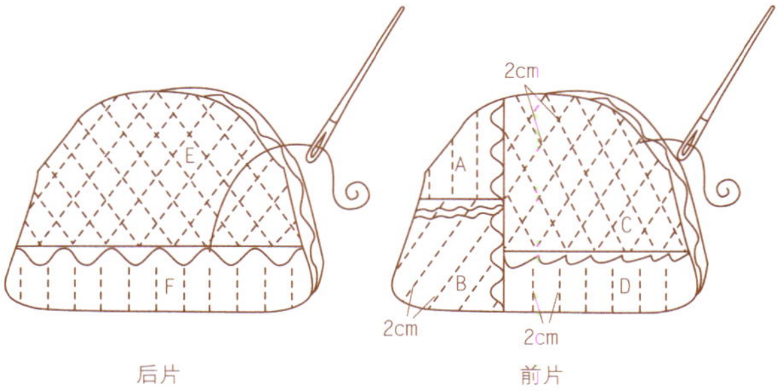

1.前、后表布依序拼接完成，再加上铺棉+坯布压线。

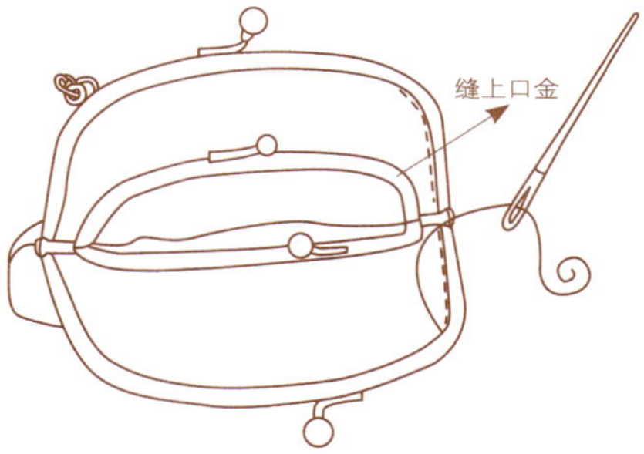

4.由返口处翻出，再缝上口金即可。

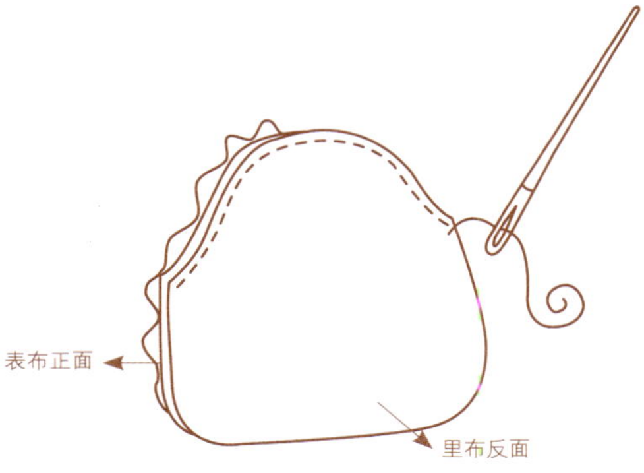

2.分别与里布面对面中表，缝合袋口(缝口金处)即可。

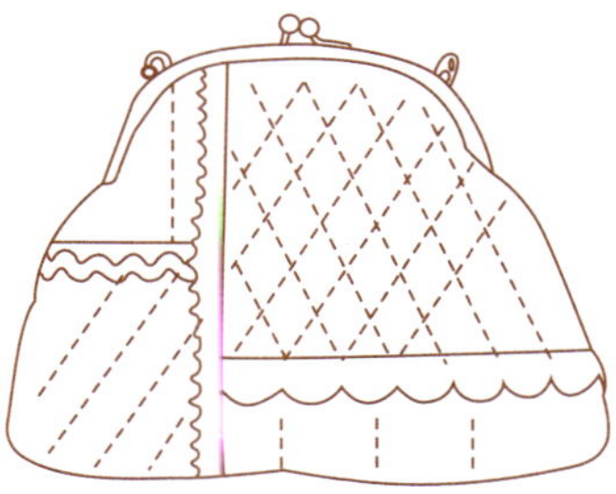

5.完成图。

P.63 花样芭蕾手提包

Original Size 原尺寸图形

My布怎么玩？

制作方法……

P.63 花样蓝蕾手提包

完成尺寸：30cm×26cm

Before Play素材准备

- 表布15cm×17cm 4种花色各1片
- 背布28cm×32cm 1片
- 里布32cm×54cm 1片
- 滚边4cm×65cm
- 提手40cm长 1副
- 装饰扣适量
- 奇异衬

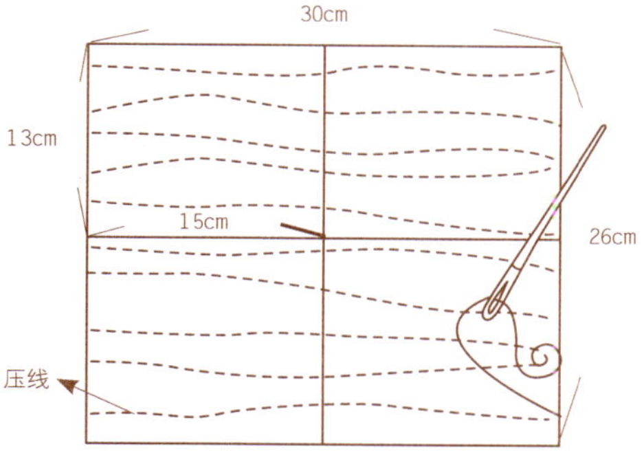

1.表布先四片缝合，表布与背布先烫衬，再压线完成。

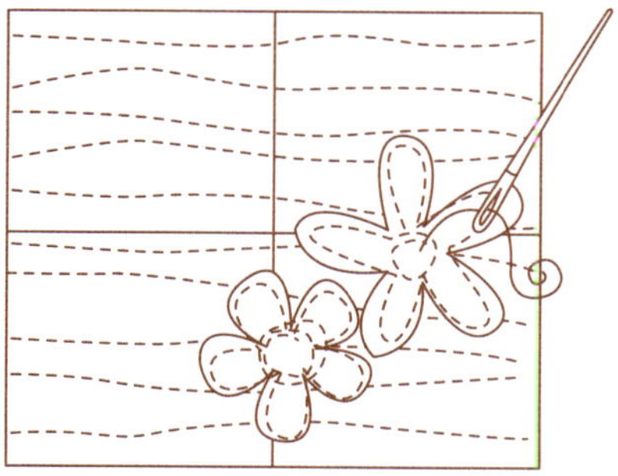

2.先将花描在奇异衬上，烫在布的背面，再沿着线剪下来，撕下纸烫在表布上，用自由曲线任意压线。

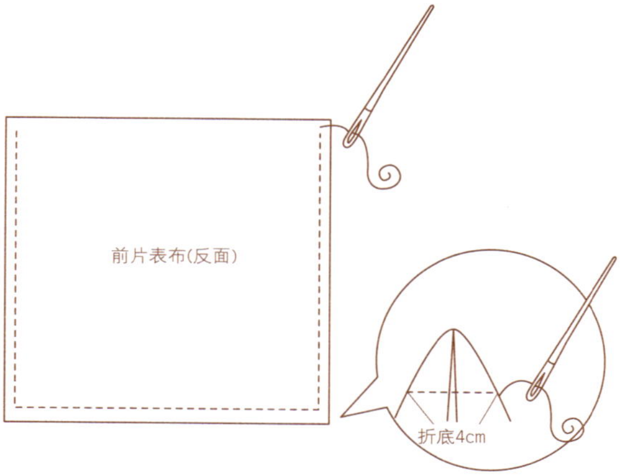

3.前、后片表布面对面车合，内袋亦同，袋底折底4cm。

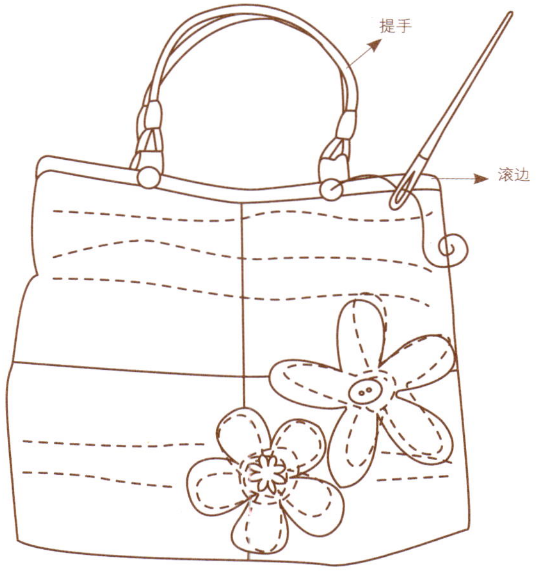

完成图

4.内袋放入外袋，外袋与内袋一起先加提手再一并滚边，再缝上装饰扣即完成。

P.60 花朵派对三件组

Original Size 原尺寸图形

My布怎么玩？
制作方法……

P.61 微笑小花零钱包

完成尺寸：16cm×11cm

Before Play素材准备

表布10cm×13cm 2片(2种花色)
背布18cm×13cm 1片
里布23cm×17.5cm 1片
花形布2种各8cm×8cm 1片
拉链15cm 1条
蕾丝适量

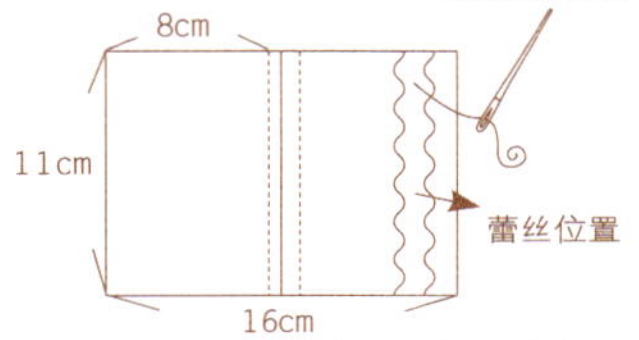

1.表布两片分别烫衬再拼接，缝份张开分别车缝装饰线与蕾丝。

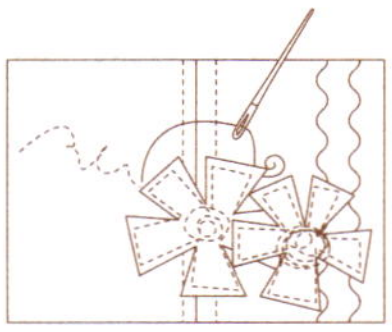

2.将花描在奇异衬背面，再烫在花布的背面，沿着线将花剪下来，撕下纸烫在表袋上，利用自由曲线压布脚车出装饰线。

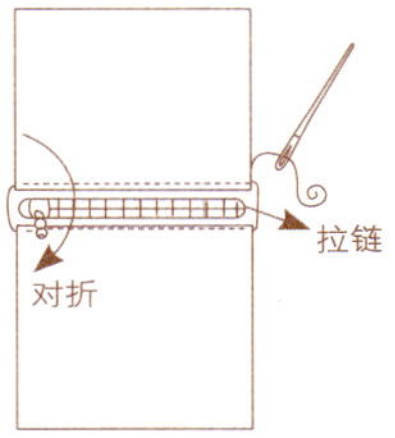

3.表布两片在袋口处车上拉链，再面对面对折，将袋子另三边车合形成袋子，再翻至正面。

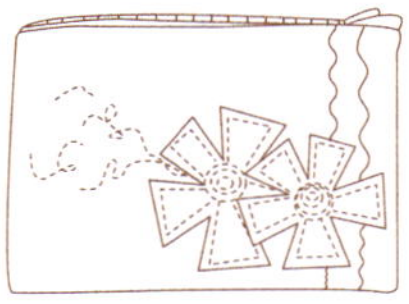

完成图

4.内袋对折将两边车合，袋口处缝份往内折后贴缝在袋内，需将拉链遮住即完成。

P.62 花边教主缩口袋

完成尺寸：18cm×21cm

Before Play素材准备

表布A约21cm×28cm
表布B约21cm×20cm
花布3种各9cm×9cm
内袋布20.5cm×21.5cm 2片
缩口布20cm×16cm
装饰扣3个
缩口绳约100cm
珠珠2个

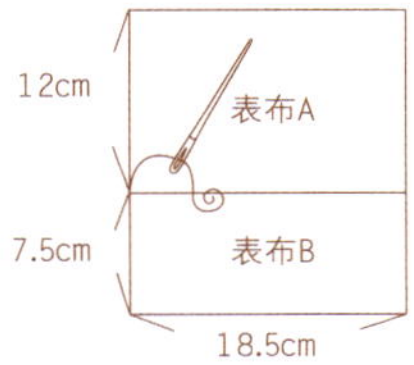

1.表布A与B先拼接(共两组)。

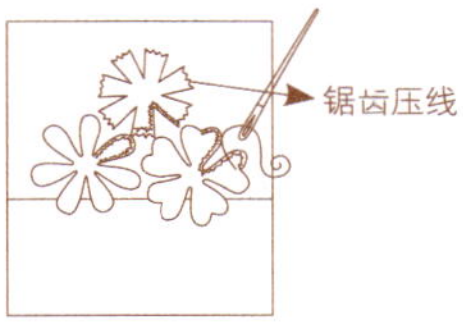

2.花先描在奇异衬上，再分别烫在花布的背面，再依线剪下，直接烫在表布上，车缝锯齿压线。

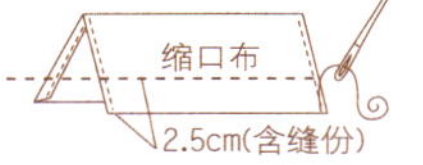

3.缩口布两端缝份先往内折车好，再对折车一道2.5cm穿绳线。
缩口布:17.7cm×6.2cm 两片(缝份请外加)

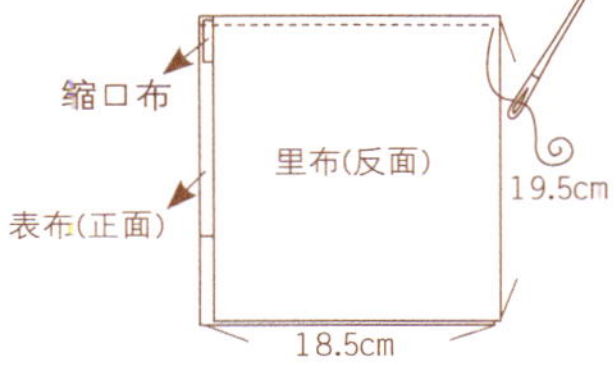

4.将缩口布疏缝在表布上方，与内袋布中表，背面做法亦同。

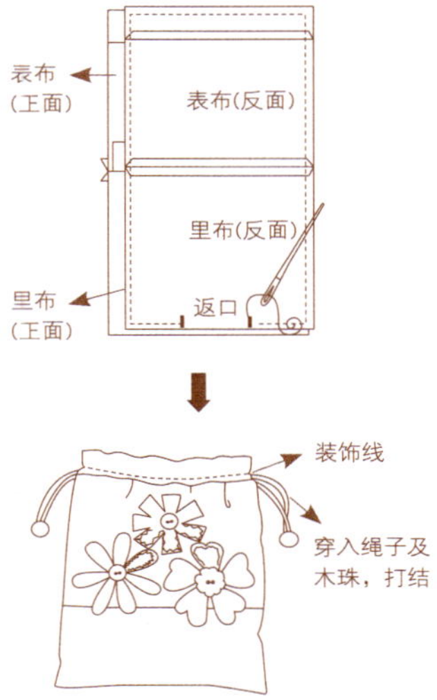

5.两组表布与里布再面对面中表缝合，留返口再翻至正面在袋口处车一圈装饰线，穿入绳子及木珠打结即完成。

6.完成图。

P.72 铁塔学院风格提袋

完成尺寸：28cm×19cm

Before Play素材准备

- 表布A 12cm×30cm
- 表布B 11cm×30cm
- 表布C 9cm×22cm
- 十字绣布D 12cm×30cm
- 表布E 21cm×18cm
- 表布F 22cm×30cm
- 表布G 21cm×30cm
- 里布60cm×30cm
- 滚边布
- 水兵带适量
- 提手1副

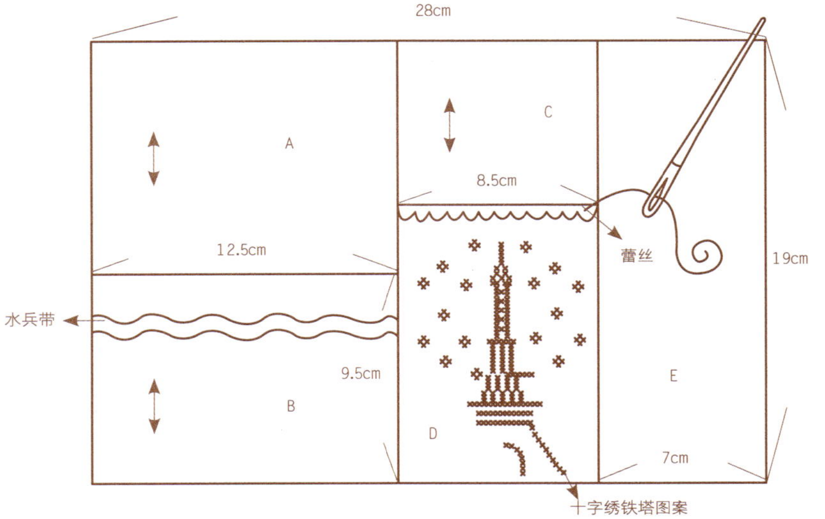

1.依顺序A～G拼接完成，D布先做好十字绣铁塔图案装饰，拼接部分缝上蕾丝及水兵带。

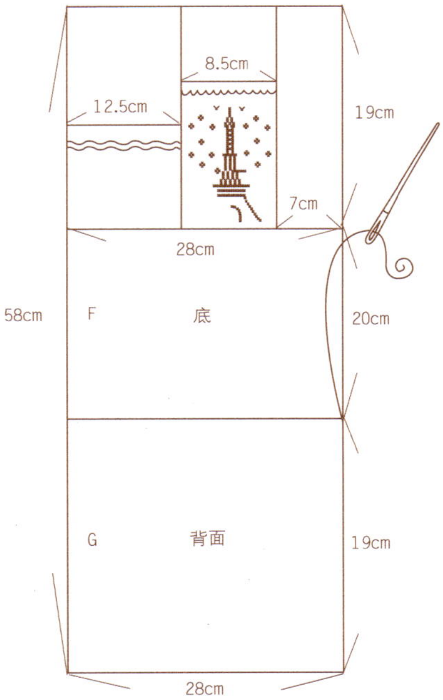

2.表布完成图。

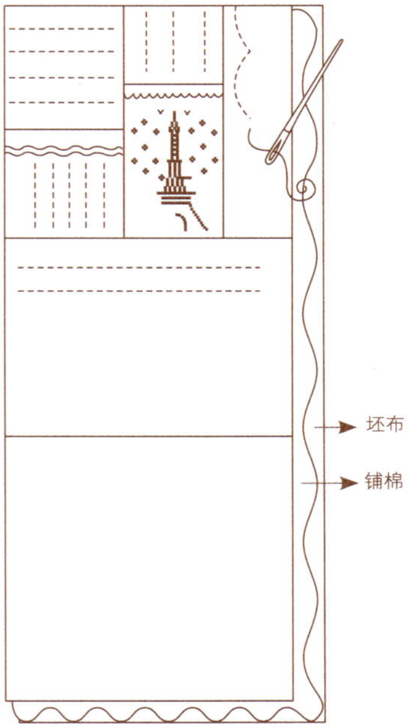

3.表布与铺棉、坯布压线。

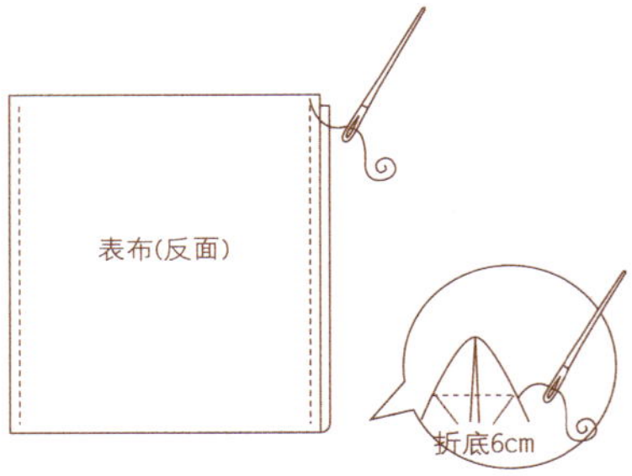

4.表布对折缝合两侧，折底6cm。

5.裁里布一片28cm×58cm，对折(正面相对)缝合两侧，折底6cm成内袋。

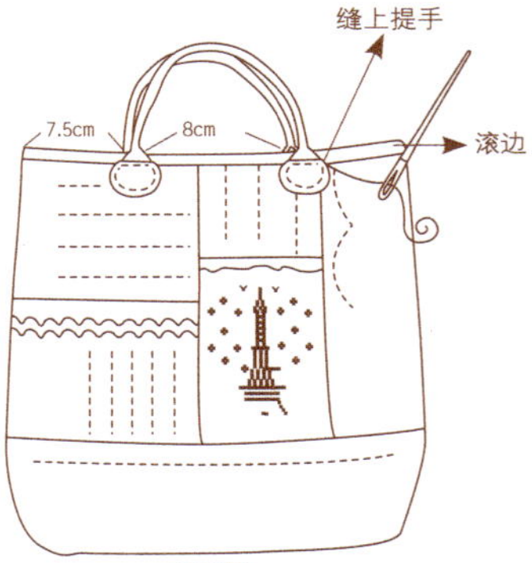

完成图

6.内袋放入外袋，再一并滚边加上提手即完成。

My布怎么玩？
制作方法……

P.74 童年往事小壁饰

完成尺寸：53.5cm×53.5cm

Before Play素材准备

- A表布4种18cm×18cm各1片
- B表布4种5.5cm×18cm各1片
- C表布5.5cm×5.5cm 1片
- D表布4种11cm×11cm各1片
- E表布4种11cm×37.5cm各1片
- 背布约60cm×60cm 1片
- 滚边布4cm×240cm
- 铺棉适量

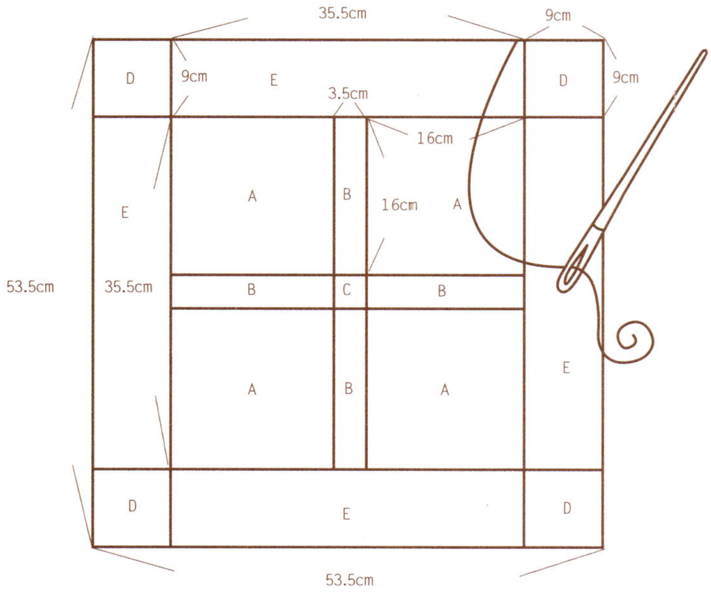

1.依顺序拼接，完成表布。

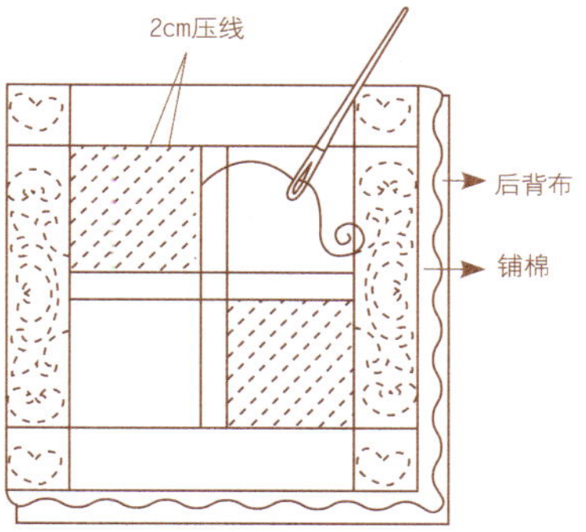

2.表布+铺棉+后背布先疏缝再压线。

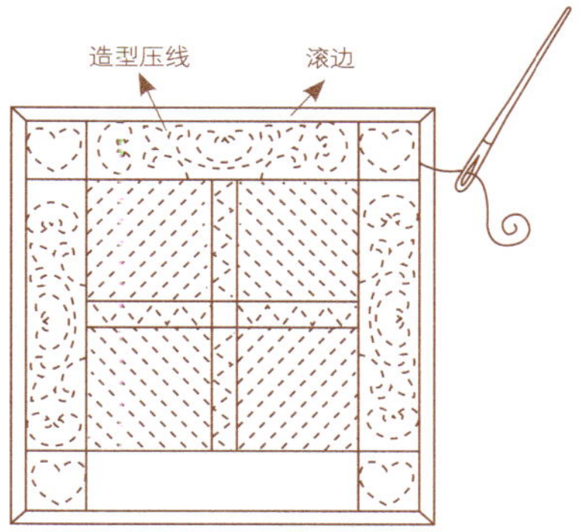

3.最后外围滚边一圈即可。

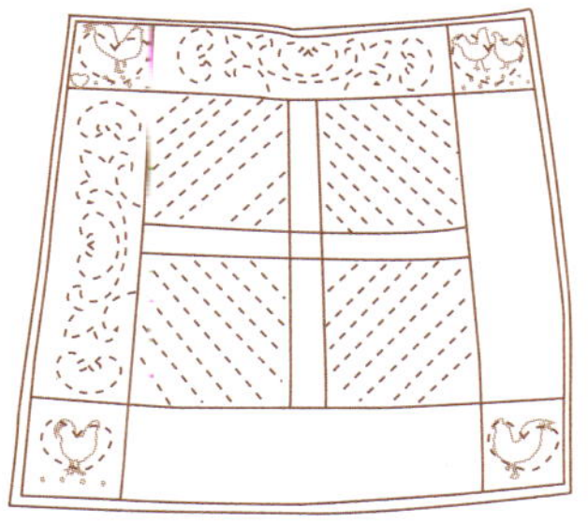

4.完成图。

P.78 黑色华尔兹典雅提袋

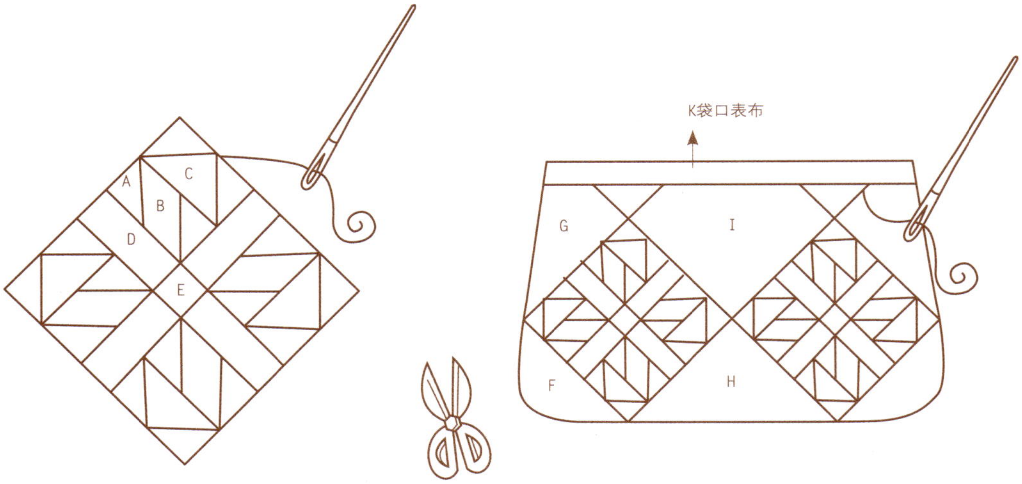

1.图形按顺序A～E拼接两组表布图案，再与F～K拼接完成表正面表布。

※图形拼接方法请参考P.77分解My布玩Ⅳ

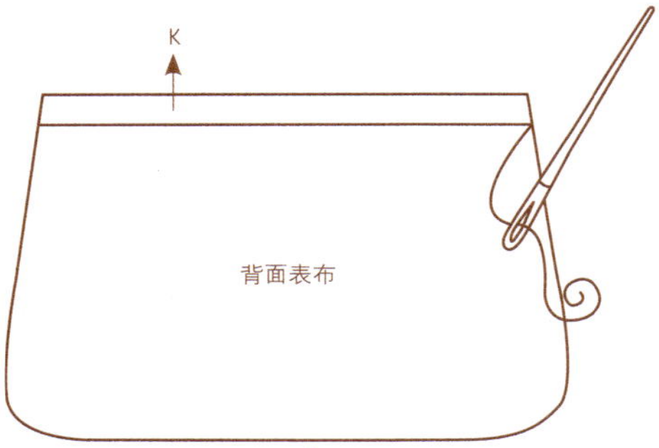

2.背面袋口表布K与正面表布拼接(取整片，不需拼接)完成背面表布。

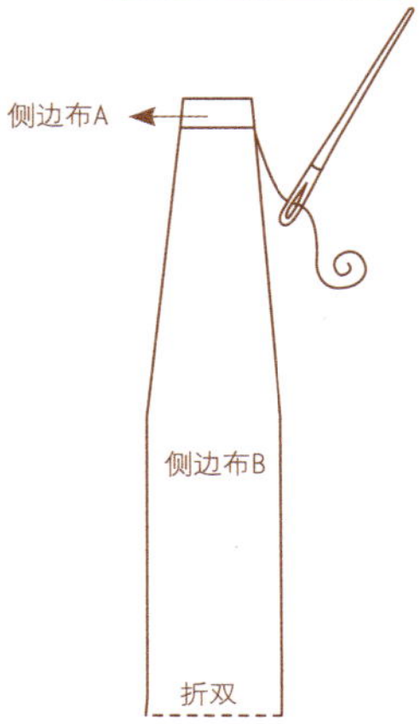

3.侧边布A+B先拼接完成侧边表布。

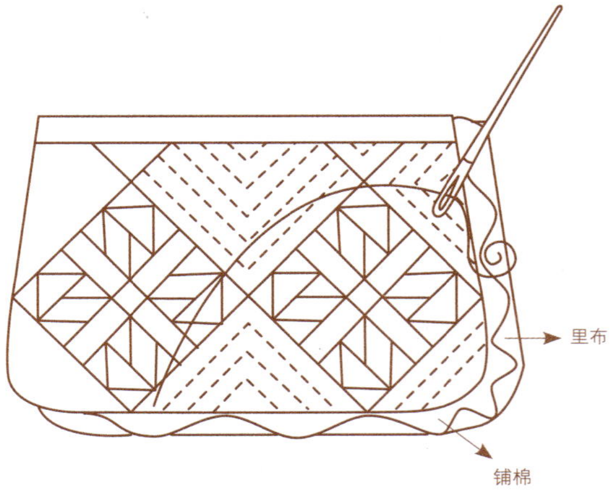

4.表布正面、背面和侧边布分别+铺棉+里布压线。

My布怎么玩？

制作方法……

完成尺寸：35cm×24cm

Before Play素材准备

表布K、I、侧边表布A约40cm×20cm 1片
表布G、J约45cm×25cm
表布A～E各40cm×40cm
后背表布25cm×45cm
侧边布B约11cm×82cm
袋口滚边与拉链口布20cm×110cm
内袋布90cm×110cm
宽9mm皮带90cm
装饰扣、装饰皮带适量
提手1副

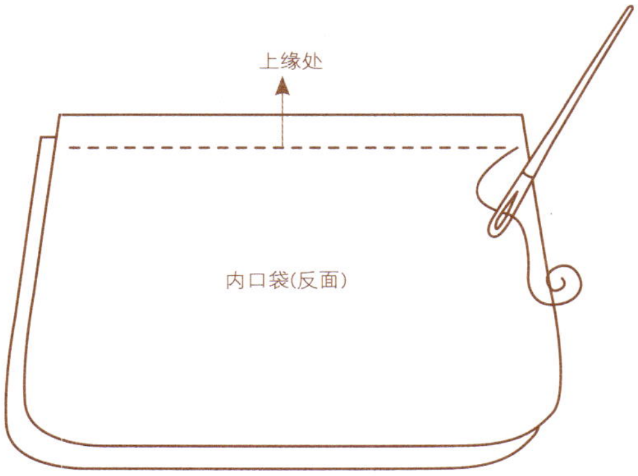

5.内口袋两片中表上缘处缝合。

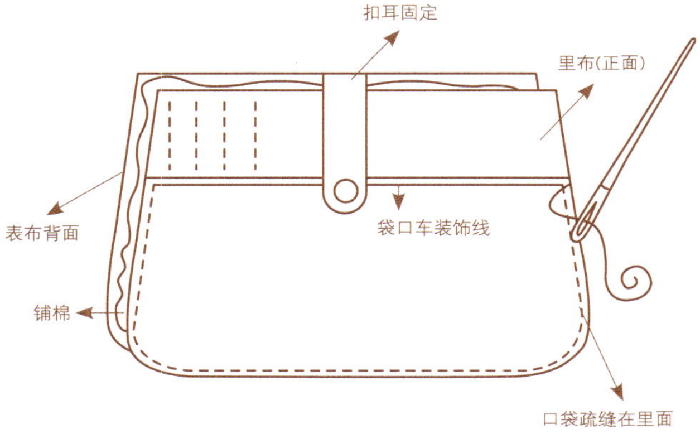

6.翻至正面，再疏缝在背表布的内里。

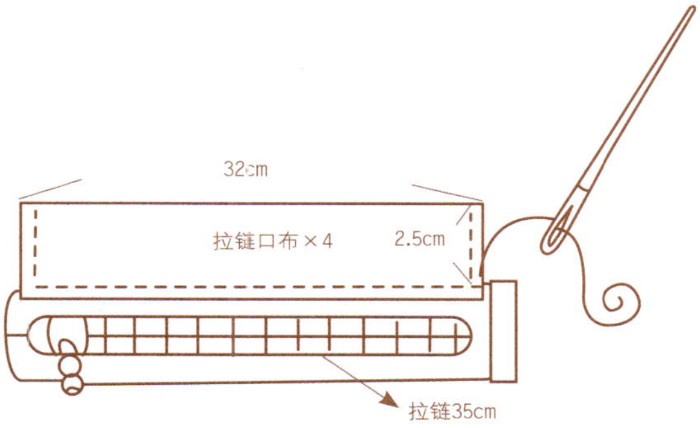

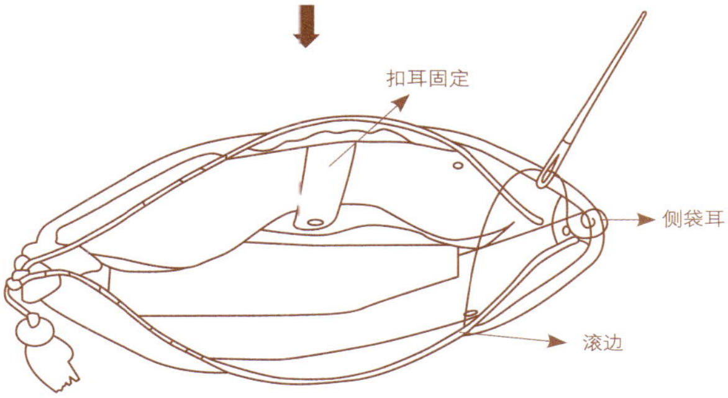

7.袋子组合完成再加拉链口布与侧袋耳，穿入装饰用细皮带，最后再将袋口处一并滚边，缝上提手即可。

8.完成图。

My布怎么玩？

制作方法……

P.76 惊奇盒子壁饰

完成尺寸：94.5cm×137cm

Before Play素材准备

A×16片 30cm×30cm 8组共128片
B×4片 20cm×20cm 8组共32片
C×4片 25cm×25cm 8组共32片
D×4片 30cm×15cm 8组共32片
E×8片 30cm×30cm
F×10片 30cm×30cm
G×24片 60cm×110cm
H×7片 30cm×30cm
I×4片 20cm×40cm
J×6片 30cm×110cm
K×2片30cm×105cm
L×2片30cm×147cm
后背布105cm×147cm

★ 滚边尺寸：5cm×510cm

作品尺寸图标示

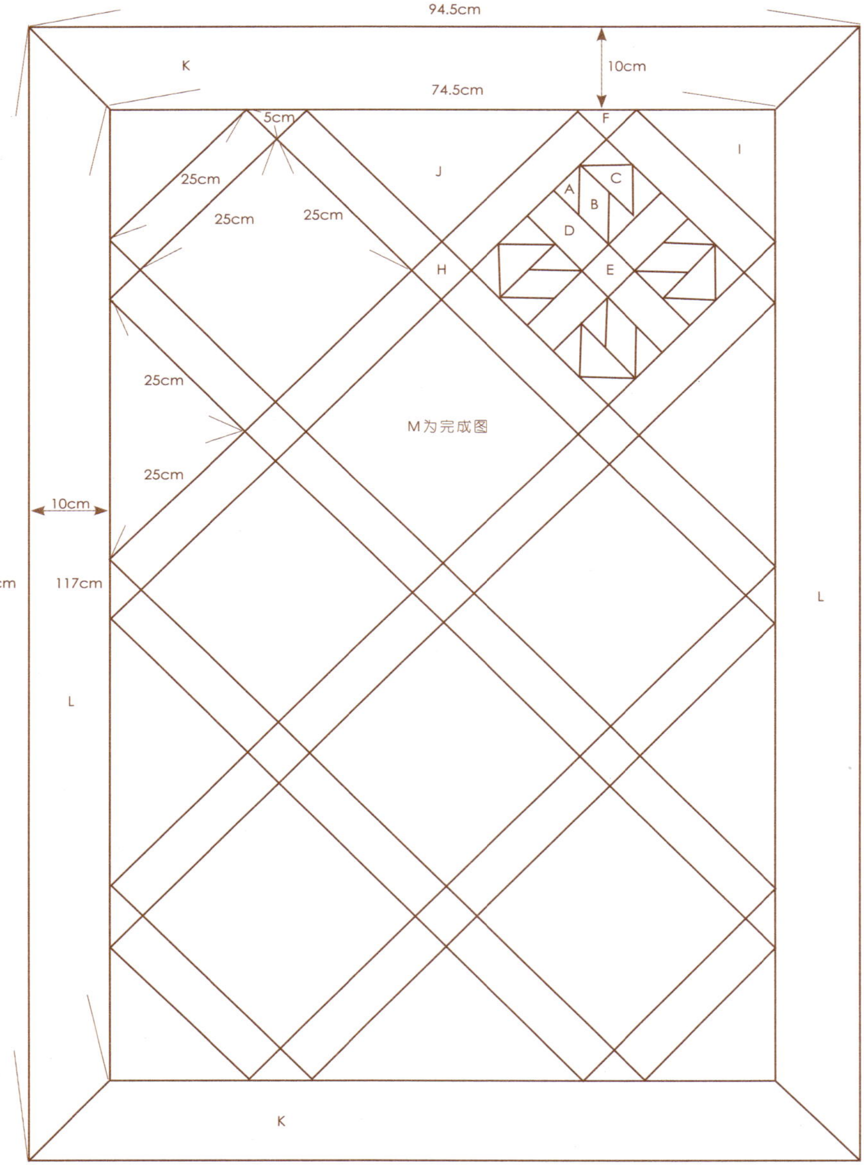